徹底カラー図解

電車のしくみ

工学院大学特任教授 **曽根 悟**（監修）

マイナビ

はじめに

　日本は約5万両もの電車が走り、鉄道の利用が非常に盛んな国です。

　路面電車ではヨーロッパが、高速鉄道では中国が、インフラやネットワークなどで日本よりも優れていることはありますが、主に大手民鉄による都市鉄道の運営では、世界に冠たるものが多く見られます。実際に、日本の鉄道の利用者の半分以上は大手民鉄を使い、日本の大都市でのさまざまな生活や社会活動は都市鉄道によって支えられているのです。地方においては、電車ではないディーゼルカー（気動車）もまだ少し活躍しています。これを利用する人も「電車に乗ってきた」というほどに、「電車」が旅客列車の代名詞になっています。

　さて、皆さんはいつも利用している「電車」の中身をどこまでご存じですか？

　本書には、「以前はあった線路際の信号機がいつの間にかなくなっている」や、「電車が止まる際には発電してほかの電車の走行を助けている」など、電車のしくみや歴史のことが分かりやすく書かれています。また、「いずれは鉄道会社で働きたいのだけれど、一体どんな仕事をしているのだろう」といった、素朴な疑問にも触れています。

　本書で楽しみながら「電車のしくみ」を学んでください。

　　　　　　　　　　　　　　　　　　　　　　　曽根　悟

CONTENTS

はじめに …………………………………………………………………… 3
本書の見方 ………………………………………………………………… 9

第1章 電車の基礎知識 …………………………………… 11

鉄道車両の動力分類 ……………………………………………… 12
動力集中方式と分散方式 ………………………………………… 14
直流電化と交流電化 ……………………………………………… 16
電車の用途分類 …………………………………………………… 18
電車の形式表記 …………………………………………………… 20
日本の電車の発展史 ……………………………………………… 22
世界基準で見た日本の電車 ……………………………………… 24

column
電車と見なされる乗り物 ………………………………………… 26

第2章 電車の車体と設計 ………………………………… 27

車体の材料 ………………………………………………………… 28
車体の構造 ………………………………………………………… 30
列車と車両のデザイン …………………………………………… 32
窓と扉 ……………………………………………………………… 34
扉の開閉装置 ……………………………………………………… 36
座席とつり革 ……………………………………………………… 38
冷暖房と換気 ……………………………………………………… 40
貫通路 ……………………………………………………………… 42
放送・案内装置 …………………………………………………… 44
運転台の構造と電車の顔 ………………………………………… 46

運転台の設備	48
トイレの設備	50
特別な設備とバリアフリー	52
火災対策	54

column
桜木町事故の教訓 …… 56

第3章 電車が走るしくみ … 57

車輪の構造	58
転がるしくみ	60
粘着と空転・滑走	62
台車の構造	64
軸受と軸ばね、枕ばね	66
ボルスタレス台車と操舵台車	68
動力伝達装置	70
基礎ブレーキ装置	72

column
振子式車両 …… 74

第4章 電車を動かすしくみ … 75

直流と交流	76
直流電動機式電車と速度制御	78
各種の制御器	80
チョッパ制御	82
交流電動機式電車	84
交流電動機の速度制御	86
VVVFインバータ	88
交流と直流との変換	90
各種のハイブリッド車両	92

column
リニアモーターとは？ …………………………………………… 94

第5章 電車を止めるしくみ ……………… 95

ブレーキの役割と種類 ……………………………… 96
人力と動力によるブレーキ ………………………… 98
自動空気ブレーキ …………………………………… 100
直通空気ブレーキ …………………………………… 102
電気指令式ブレーキ ………………………………… 104
発電ブレーキ ………………………………………… 106
電力回生ブレーキ …………………………………… 108
電気・空気ブレーキの協調 ………………………… 110
レールブレーキ ……………………………………… 112

column
保安ブレーキ …………………………………………… 114

第6章 電車の機能を支えるしくみ … 115

連結器 ………………………………………………… 116
集電装置 ……………………………………………… 118
補助電源装置 ………………………………………… 120
蓄電池 ………………………………………………… 122
空気圧縮機 …………………………………………… 124
前照灯、尾灯と警笛 ………………………………… 126
運転台機器 …………………………………………… 128
情報伝達装置 ………………………………………… 130

column
絶縁と接地 ……………………………………………… 132

第7章 線路・駅と運転のしくみ …… 133

- 軌道の構造 …… 134
- 軌間 …… 136
- レールと継目 …… 138
- 駅 …… 140
- 駅の配線 …… 142
- 直線・曲線と分岐器 …… 144
- 勾配と車両性能、列車速度 …… 146
- 列車種別とダイヤ …… 148
- 電車の運行形態と直通運転 …… 150
- 車両基地と乗務員基地 …… 152

column
- フリーゲージトレイン …… 154

第8章 電気を届けるしくみ …… 155

- 電化方式 …… 156
- 変電所 …… 158
- き電線と電車線 …… 160
- セクション …… 162
- 第三軌条 …… 164
- 帰線電流 …… 166
- 回生失効と対策 …… 168
- 落雷などからの保護 …… 170

column
- 感電防止対策 …… 172

第9章 安全のしくみ … 173

- 衝突させないしくみ … 174
- 閉塞のしくみ … 176
- 軌道回路と連動装置 … 178
- 信号機 … 180
- 自動列車停止装置ATS … 182
- 自動列車制御装置ATC … 184
- 自動列車運転装置ATO … 186
- 列車防護 … 188
- ホームドアとホーム柵 … 190
- 踏切の安全対策 … 192
- 次世代の信号システム … 194

column
- 三河島事故の教訓 … 196

第10章 電車のサービスを支える仕事 … 197

- 乗務員の仕事 … 198
- 駅務員の仕事 … 200
- サービス用のシステム … 202
- 運転司令員（指令員）の仕事 … 204
- 車両基地の仕事 … 206
- 車両保守・整備の仕事 … 208
- 保線の仕事 … 210
- 電気・信号関係の仕事 … 212
- 事故・災害発生時の訓練 … 214

column
- 長大列車を運転するあこがれの運転士になるには … 216

索引 … 217

本書の見方

本書は全10章で構成されており、それぞれのテーマに沿って、文章と写真、イラストで解説しています。

ポイント
項目ごとに重要なこと、押さえておきたい内容をピックアップしています。

解説文
項目について詳しく解説しています。なかでも、重要な用語や解説は文字を太くしています。

写真&イラスト解説
構造やしくみを、写真やイラストを使って分かりやすく解説しています。

3種類の注釈

用語解説
解説文に出てくる重要な語句や難しい用語などを、さらに詳しく解説しています。

豆知識
解説文の内容に関連する情報を取り上げています。

CLOSE-UP
解説文に関連した内容でさらに知識が広がる内容を取り上げています。

トレインコラム
もっと電車が好きになるさまざまな情報を紹介しています。

第1章
電車の基礎知識

この章では、日本の電車の歴史や、電車はどうやって走っているのか、
車両に書かれている数字は何を表しているのかなど、
電車の基礎知識を紹介します。

鉄道車両の動力分類
モーターやエンジンの種類

POINT
- 鉄道車両の動力は蒸気機関・モーター・エンジンなどさまざま。
- 日本の旅客車は電車と気動車が主流である。
- 近年はモーターとエンジンを併用する車両も増えている。

●外部から電気を取り入れる電車

　鉄道車両には**蒸気機関車、内燃車（ディーゼル機関車・気動車）、電気機関車・電車**などさまざまな種類があります。

　蒸気機関車は水を**沸騰させて蒸気を発生させる「蒸気機関」をエネルギー源**とします。内燃車における内燃動車は、**動力発生源のエンジンを車体**に積んだ旅客車・貨車を指し、動力伝達装置を通じて車軸へ動力を伝えます。19世紀にイギリスで実用的な鉄道が開通したころには蒸気機関やガソリンエンジン搭載の車両もありましたが、次第に鉄道車両用としては燃費がよく火災の危険性が低いディーゼルエンジンを採用する車両が増え、日本では内燃動車はディーゼル動車になりました。

●電気の力でモーターを回転させて進む電車

　電気機関車・電車は、電気でモーターを回転して得られた動力を車軸に伝えて進行します。その電力は、①**外部から架線・第三軌条を通じて電気を取り込む**、②**車内に搭載したエンジンで発電機を回す**、③**蓄電池を用いる**方法があります。一般的な電気機関車・電車は①のタイプで、②は日本では電気式ディーゼル機関車・動車に分類されます。

　21世紀になり、従来の動力を複合して走行する車両が誕生しました。ディーゼルエンジンによる発電とリチウムイオン蓄電池を併用する**「ハイブリッド・ディーゼル動車」**、JR東日本が試作した燃料電池で走る**NEトレイン**、鉄道総合技術研究所が開発した、架線のある所では架線から集電し、ない所では蓄電池で走る**「架線レスバッテリートラム」**などがあります。これらは上記の①〜③の方式を併用する「ハイブリッド」方式が採用されています。

用語解説

気動車
ガソリンエンジンあるいはディーゼルエンジンなどの内燃機関を動力にした旅客車の総称。

豆知識

保存車両
歴史的価値のある車両は保存対象となっている。地域の公園などに留め置かれている車両は「静態保存」、線路上で運行されるものは「動態保存」と呼ばれる。

NEトレイン
JR東日本が2008年に燃料電池動車として試作した。愛称はNEW ENERGY TRAINから。翌年、蓄電池動車としての試験を始め、駅などで停車中に架線から充電するためのパンタグラフが搭載された。各試験が行なわれた後、2014年にはEV-E301系電車として電化区間（東北本線の宇都宮〜宝積寺間）と非電化路線である烏山線を直通する電車として運用されている。

鉄道の種類

鉄道車両を分類すると、次のようになります。

- 機関車
  - 蒸気機関車
  - 電気機関車
  - 内燃機関車
- 旅客車
  - 客車
  - 電車
  - 気動車
- 貨物車
- 事業用車両

蒸気機関車

水蒸気を動力にして走行する蒸気機関車。黒い車体が煙を吐きながら走る姿は今も人気が高い。

電気機関車

強力なモーターを持ち、長大貨物列車を牽引する電気機関車。旅客会社にはあまり在籍していない。

ディーゼル機関車

ディーゼル機関車は非電化区間の貨物列車や、車両基地で車両を移動するために用いられている。

電車

電車は蒸気機関車よりエネルギー効率がよく、日本の風土によく合ったため、旅客列車の主流になった。

TRAIN COLUMN

ハイブリッド車両が増えている

気動車はエンジンで車輪を駆動する旅客車両で、日本ではエンジン・発電機でモーターを駆動する「電気式気動車」は第2次世界大戦の前からありました。しかし、当時は重過ぎて普及しませんでした。2003年にJR東日本がシリーズ式ハイブリッド気動車キヤE911形「NEトレイン」を試作しました。電気式気動車に蓄電池を搭載、出発・力行時に動くエンジンを電気の力でアシストし、減速時に運動エネルギーを電気に変換して蓄電池に戻します。これにより燃費の向上、窒素酸化物の減少などが見込まれます。そのしくみを利用した営業用車両であるキハE200形は、2007年から小海線で運行を開始し、続いてHB-E300系、HB-E210系に発展しました。

動力集中方式と分散方式
国によって違う電力方式

POINT
- 列車には動力集中方式と、動力分散方式がある。
- いずれの方式もメリット・デメリットがあるが、日本は動力分散方式が主流。
- 新幹線も動力分散方式を採用している。

●貨物列車やTGVは動力集中方式

列車は動力車の配置によって、「**動力集中方式**」と「**動力分散方式**」に分かれます。動力集中方式は、機関車牽引列車に代表されるように、編成端などに動力車を配置し、**動力を持たない車両を牽引**あるいは押します。日本ではブルートレインなどの客車寝台特急や貨物列車がこれに当たります。国をまたいで運行されるヨーロッパの国際列車は、主に動力集中方式です。フランスのTGV、ドイツのICE1、イギリスのHSTなどヨーロッパの高速鉄道には、動力集中方式が多く採用されています。

動力集中方式の編成は、動力車に強力な**牽引力**と優れた**粘着力**が必要です。この車両は大容量の電動機やエンジンを搭載し、運転に関する機器が集中するため、重量が大きくなりがちです。

貨物列車は荷役作業に時間がかかる、季節によって運搬する量の差が大きく、編成に自由度があった方が有利などの点から、日本でも**動力集中方式**が用いられています。

動力分散方式は、編成中の車両に動力を分散するもので、日本の電車や気動車がそれに相当します。地盤が比較的弱い、勾配区間が多いなどの地理的条件、短時間で多くの列車を運行しなければならない社会的条件などが重なり、日本では旅客列車のほとんどが**動力分散方式**を採用しています。

大都市圏では運転間隔を短くし、短時間に大量の乗客を乗せるので、付随車（T車）に対して電動車（M車）の割合を増やして加減速性能をよくした電車での運行が有利です。また、曲線や勾配区間が多いことに対しても電車が有利でした。戦後、新幹線が計画された際は当時の私鉄高性能電車の優れた特性を取り入れて、**動力分散方式**が選択されました。

用語解説

粘着力
車輪がレールの上を走るときにすべらずに発生できる摩擦力のこと。

CLOSE-UP

国際列車
ヨーロッパでは国ごとに電化方式や信号などが異なる。このため国際列車は国境で機関車を付け替えるだけで直通できる動力集中方式が有利。

ブルートレインの終焉
1958年に特急「あさかぜ」へ投入された20系客車は青い車体で、「ブルートレイン」と呼ばれた。ブルートレインは日本の鉄道のスターだったが、夜行列車の廃止が相次ぎ、2015年に特急「北斗星」の運行終了とともに、その歴史の幕を閉じた。

動力車の配置

動力集中方式と動力分散方式では、電動車（M）と付随車（T）の比率が異なります。

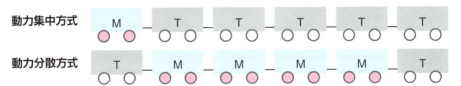

動力集中方式は、強力で少数の動力車と、多数の動力を持たない客車・貨車で構成される。客車内でモーター・エンジン音がせず静か。動力分散方式はモーターを多くの車両に分散させることで、先頭車も旅客車にでき、加減速性能もよくなる。

動力集中方式・分散方式の長所と短所

	動力集中方式	動力分散方式
主な長所	●客車にモーターがなく、騒音・振動が少ない ●付随車の価格・保守費用が安価 ●客車・貨車の増結・解結が容易 ●機関車を交換することで、異方式路線も入線可能	●動力車の割合を増やせば、起動加速度が高くなる ●一部の動力車が故障しても運転可能 ●重い車両がなく、軌道・橋梁への負荷が少ない ●電車の場合は回生ブレーキによる電力の回収が有効
主な短所	●動力分散式に比べ、起動加速度が低い ●機関車が重く、軌道・橋梁への負荷が高い ●機関車を先頭にする運転方式では折り返しに時間がかかる ●先頭車が機関車の場合、客室面積が少ない	●客車と比べて騒音・振動が大きい ●保守の手間・コストが大きい ●客車に比べて新造コストが大きい ●異形式車両との連結が難しい

フランスのTGV。日本の新幹線に次いで開業した高速鉄道で、フランス全土に路線網を広げている。

日本の旅客列車の主流となっている電車。都会では編成を長くした電車が走っている。

TRAIN COLUMN

MT比とは

　電車列車は編成内に電動車（動力車、M車）と付随車（T車）が混在しています。この割合は特性に応じて調整されます。編成内において電動車と付随車の比率を「MT比」と称し、MT比が高いほど、加減速性能を高くできます。東海道新幹線0系は昭和30年代の技術で200km/hを実現するため、全車が電動車の"オールM"編成でした。近年はモーターの高出力化や省エネルギー、低コスト化の観点からT車を入れる方式があり、JR東日本209系・E231系ではMT比が4：6と付随車の方が多めでしたが、その後MT比が1以上のものに置き換えられています。

時代によって採用する電気方式が変わった
直流電化と交流電化

POINT
- 初期の電化路線は直流で施工されている。
- 商用周波数の交流電化の研究が進み、すべての新幹線を含む交流電化路線が増えた。

●国鉄・JRは3電源方式

　電気鉄道は**直流電化**と**交流電化**に大別されます。鉄道の電化には変電所や架線などの設備が必要ですが、列車本数が多くなると、蒸気運転・内燃運転に比べてコストが抑えられるうえ、加減速・高速運転性能に優れた電車が有利になります。都市鉄道として多くの私鉄が電気運転を始め、国鉄でも都市鉄道を中心に電化が進みました。電化の**初期は直流**で、日本では私鉄・国鉄・JRなど大半の事業者が直流1500Vを採用し、路面電車や一部の地下鉄などでは直流600V、750V方式もあります。

>>> 電気の流れ

各発電所でつくられた電気は変電所に送られます。その後、鉄道へは電鉄変電所を経て、一般家庭には配電用変電所を経て送られます。

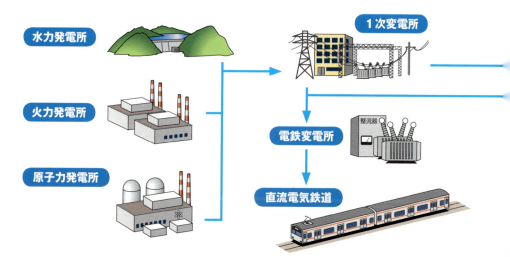

交流電化は直流電化に比べて高電圧を用いることから電気のロスが少なく、変電所間を長くする（施設を減少させる）ことができます。このため国鉄では1950年後半以降、新規に電化する地域では、**交流電化**を採用するようになりました。

●東海道新幹線は全線交流60Hz

交流電化区間はJRの在来線及び国鉄・JRから転換された一部の第三セクター鉄道が20000V、新幹線が25000Vを採用しています。また、新交通システムの一部は**低電圧の交流**を採用しています。

周波数はほぼ富士川を境に東側が50Hz（東京電力・東北電力）、西側が60Hz（北陸電力・中部電力・関西電力）になっています。在来線で50Hzと60Hzが接している路線はありませんが、直流区間と交流区間がつながっている路線はあります。直流区間と交流区間はそのまま直通することはできません。このため乗客の乗り換えや機関車交換が必要でしたが、現在は交直両用の車両を投入し**デッドセクション（無電区間）**を設けて電車内で直流と交流の切り換えを行なっています。

用語解説
デッドセクション
異電化区間などに設けられる、架線に給電されてない区間。直流～交流の境目のほか、同じ交流電化区間でも電源が異なる箇所などの地点に設けられる。

豆知識
直流電化ができない地域
茨城県石岡市には気象庁地磁気観測所があり、直流電流が観測に影響を与える。このため、近くに路線を延ばす関東鉄道は非電化で、JR常磐線と水戸線は取手、小山を境に南(西)が直流、北(東)が交流に分かれている。

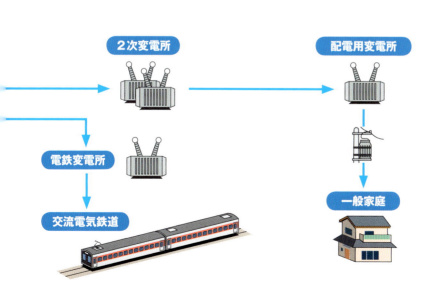

特急型・通勤型だけでなく、寝台電車まで
電車の用途分類

POINT
- 一般用、優等列車用、観光用がある。
- JRには寝台列車も存在する。
- 用途に合わせて、ダイヤやさまざまな種類の電車がつくられる。

●JRでは優等列車用と一般用に分かれる

　日本の電車は旅客用がほとんどで、用途によって車両の内外装や性能などが異なります。JRでは乗車券のみで利用できる**一般用**、運賃とは別の料金を払うことで乗車できる**優等列車用**、観光及び団体用に用いられる**観光用**があります。

　一般用は山手線などで運用されるオールロングシートの通勤型電車や、東京～熱海間など走行距離が100kmを超え、座席もクロスシートとロングシートが混在する「セミクロスシート」の近郊形電車があります。なお、JR東日本は近年、通勤型と近郊形を区別しない方針で設計していますが、他社についてはその限りではありません。

　優等列車用は主に特急列車で使われます。乗降扉と客室がデッキで隔てられ、回転式リクライニングシートを装備した車両が主流です。またJRでは車内にベッドを配した**夜行寝台列車**が運行されています。JR東日本の**東京圏ではグリーン車が連結されている普通列車**もあります。

　観光用は団体列車として用いられることが多く、お座敷車両が代表的です。座席を配置した車両でもAV機器、カラオケ装置を搭載するなど、団体客向けの設備を備えています。

　一方、私鉄はJRほど路線が長くないため、車両の種類は多くありません。東武鉄道や近畿日本鉄道など、路線内に有名観光地がある事業者は料金を徴収する特急を設定し、豪華な客室の車両を運用しています。大都市圏の私鉄では料金不要の特急が運行していますが、これは停車駅数が少ない速達列車で、車両は各駅停車と同じ一般型が使われています。

　利用者のニーズに合わせて車両の用途が決まり、列車種別及びダイヤ、座席・乗降扉の数、運行速度が決められています。

用語解説

リクライニングシート

背もたれが傾く座席で、電車では特急に使用されている。初期は1段階しか傾きを固定できなかったが、現在は大半のリクライニングシートが無段階調整になっている。

 豆知識

JRから消滅した定期列車の急行

JR山陽本線の前身に当たる山陽鉄道が、1894年に急行列車を運行し、国鉄にも引き継がれた。1970年代までは旅客列車は急行が主役だったが、次第に特急に格上げ、快速に格下げされ急行は減少した。2016年3月に青森～札幌間の夜行急行「はまなす」が廃止され、国鉄・JRの定期急行列車は消滅した。

用途で異なる電車の種類

特急型電車
主要駅の停車に絞り、リクライニングシートや洗面所・化粧室を備えた専用車両を使って、料金を徴収する。写真は近畿日本鉄道50000系「しまかぜ」。

通勤型電車
客室をロングシートにして、より多くの利用者を立席で輸送する。乗車券のみで利用できる。写真は京王電鉄7000系。

285系寝台電車
「さわやかな朝、新しい一日の始まり」というイメージで命名された愛称は「サンライズエクスプレス」。ブルートレインとは異なる明るい外観。

285系の車内
個室が中心の285系。最も豪華なA寝台1人用個室は、部屋の中にベッドと洗面所がある。

（写真提供：野田 隆）

TRAIN COLUMN

JR285系寝台特急電車とは

　国鉄時代には583系寝台特急電車が活躍していました。昼は座席車、夜は寝台車として走る働き者でしたが、現在は臨時列車用として1編成6両のみが残るだけです。285系は1997年に登場した2代目寝台特急電車で、「サンライズエクスプレス」の愛称が付いています。内装設計に住宅メーカーが参画し、1～2人用個室寝台を中心に、寝台料金が不要で横になれる「ノビノビ座席」もあります。ブルートレインが全廃された今、夜行寝台列車の旅は「サンライズエクスプレス」のみになりました。寝台電車は世界的にもめずらしく、中国と日本以外にはほとんどありません。

車体に書かれている謎の数字
電車の形式表記

POINT
- クハ・モハ…、形式表記には一定のルールがある。
- 私鉄では数字のみの表記が一般的。
- 車両は異なるが、会社が違えば同じ番号の電車もある。

●カタカナと数字で表記するJRの車両形式

　電車に限らず、蒸気機関車や気動車などの車両は鉄道事業者の財産で、**1両ずつ固有の番号**が付いています。保守作業や改造などで区別するためにも必要で、日本では記号・番号を付けることが法律で定められ、その基準は事業者によって独自のルールがあります。

　国鉄を継承したJRの多くは、形式表記も国鉄式になっています。新幹線を除く電車については、**形式をカタカナと数字**で、車両ごとの**個別の番号は1～4桁表記**としています。表記の意味は右ページの表に示しました。例えば「モハ181」は直流特急電車で電動車・普通車、「クモロ787」は交流特急電車で制御電動車・グリーン車です。新幹線とJR四国の新型車両は数字のみの表記です。また、JR東日本の新型車両には将来の形式番号の重複を避けるため、カタカナと数字の間に「E」が付けられています。

●一見するとルールがわかりづらい形式番号

　車両の形式番号は、**車両の側面、客室の妻面上部**に表記されているケースが多いです。JR九州ではデザインとして車体にロゴを大書し、正面に形式番号を掲示した車両もあります。

　国鉄・JRと比べて保有両数が少ない私鉄の多くは、**4桁数字**で表記しています。車種を意味するカタカナが振られた車両もありますが、車体に表記されるケースはあまりありません。カタカナの意味は国鉄・JRとほぼ同じですが、電動車の「デ」を使用する事業者も多いです。近年、大手私鉄は地下鉄を介して相互直通運転を行なう路線が増えたため、車両の形は異なりますが、同じ番号が付けられた車両がすれ違うこともあります。

用語解説

制御電動車
制御車は運転台のある車両で、電動車は主電動機を備える。「制御電動車」とは主電動機付きの制御車。

グリーン車
1969年に均一等級制になった国鉄が、それまでの1等車に与えた名称。普通車と比べて座席が広く、車内が豪華になっているため、別途の料金が必要。

豆知識

下2桁で車種が変わるケース
近畿日本鉄道は表記にルールはあるものの、電動機の製造元や制御装置の違いなどで番号を変えているため、下2桁で車種が変わるケースがある。

電車の形式表記ルール

電車には1両ずつ、カタカナや数字で車種や等級、用途を示す表記が付いています。ルールは事業者によって異なります。

カタカナ

車種(第1位)

モ	電動車
ク	制御車(運転台付き車両)
サ	付随車
クモ	制御電動車

等級・用途(第2・3位)

ロ	グリーン車
ハ	普通車
ネ	寝台車
ヤ	事業用車

車両の運用や保守のため、記号や番号で区別している。

数字

100の位(電気方式)

1～3	直流
4～6	交直流
7・8	交流
9	試作車

10の位(用途)

0～3	通勤形、近郊形、汎用形
5～7	急行型、特急型
8	特急型

1の位

グループの総称となる「系」の登場順に奇数番号が付けられる

私鉄の車体表記

相模鉄道かしわ台車両基地に保存されている6000系。車体正面と側面に4桁数字の車両番号が記されている。

JR電車の車体表記

"ハイグレード車両" E655系のデッキ部に表示された車両表記。交直流両用の制御電動車かつグリーン車であることを示している。

TRAIN COLUMN

「イ」は欠番?

車両の等級は「イロハ」で表記されます。かつて国鉄は3等級制を採用しており、1等車がイ、2等車がロ、3等車がハと付番されたことに由来します。1960年に1等車がなくなり、2等車が1等車、3等車が2等車にそれぞれ格上げされました。さらに1969年には均一等級制となり、グリーン車がロ、普通車がハと表記されました。

JR西日本が開発中で、2017年春から運行開始を予定している「TWILIGHT EXPRESS 瑞風」には、最上級の列車ということで「イ」の形式番号が久々に生まれます。JR西日本にはマイテ492という旧1等展望車があり、時々やまぐち号に連結され、フリースペースとして利用されているので、全くなくなったわけではありません。

世界に名だたる電車王国、日本
日本の電車の発展史

- 日本で初めての電車は路面電車だった。
- 私鉄の高性能電車の技術が、新幹線の誕生に反映されている。
- 2027年にリニア中央新幹線が開業予定。

●長距離は機関車牽引、都市圏は電車

　日本の電車は京都電気鉄道(後の京都市電)で始まりました。1895年に運行された電車は1両で市内を走る**路面電車**でした。専用軌道を走る本格的な電車の営業運転は、1904年の甲武鉄道(現・JR中央本線)が始まりです。都市間を結ぶ高速電車は、阪神電気鉄道など関西を中心に明治時代からありましたが、国鉄では、長距離列車は**機関車牽引の客車列車**、**都市圏は電車**とすみ分けられていました。

●2027年にはリニア新幹線も開業する予定

　私鉄では戦前から電気鉄道を採用し、1929年には東武鉄道、1930年には大阪電気軌道と参宮急行電鉄(現在の近畿日本鉄道)が100kmを超える電車運転を始めました。1953年には乗り心地・高速性能で優れる**カルダン駆動方式**(P.70参照)が東武鉄道・京阪電気鉄道などで採用され、翌年には大手私鉄を中心に普及しました。1957年には小田急電鉄が国鉄の鉄道技術研究所の協力を得て**3000形特急形車両**を開発し、9月26日に国鉄東海道本線で当時の狭軌世界最高速度145km/hを記録しました。これらの技術開発が1958年に登場した国鉄151系「こだま」や、1964年開業の東海道新幹線につながっています。

　国鉄が改革により、JR旅客6社と貨物1社に分割民営化されると、JR各社は矢継ぎ早に新型車両を誕生させました。新型の電車では**主要装置が電子化され、交流モーターとVVVFインバータ制御が主流**になりました。なお、500km/hで走行するリニア中央新幹線は2027年に品川～名古屋間が開業する予定で、JR東海が計画を進めています。

用語解説

表定速度

始発駅から終着駅までの距離を、途中駅の停車時間も含めた移動時間で割り算をした値。停車時間を含まずに割り算をした値は「平均速度」と称する。

CLOSE-UP

高速電車も私鉄が先駆け

電車の高速化は私鉄の方が熱心だった。1933年に阪和電気鉄道(現・JR阪和線)は表定速度81.6km/hを記録する「超特急」を運行。この数値は、1959年に151系「こだま」が表定速度83.4km/hを記録するまで、戦中・戦後を挟み26年に及びトップを維持した。

国鉄の分割民営化

国鉄の累積赤字が巨額となり、日本の鉄道を生かすために行なわれた改革。旅客会社はJR北海道・JR東日本・JR東海・JR西日本・JR四国・JR九州に分割、貨物会社はJR貨物1社とされた。

鉄道の発展

明治村を走っている路面電車

愛知県の博物館明治村で動態保存されている電車は、1910～11年に製造された京都市電の電車。デッキ部に運転台が設けられている。
(写真提供：博物館明治村)

80系電車

国鉄で本格的な長距離電車の発端となった80系電車。2次車から正面2枚窓となり、このデザインは全国の電車に大きな影響を与えた。

TRAIN COLUMN

貨物列車にも電車が登場

　従来、貨物列車は機関車による牽引が前提でしたが、JR貨物は2004年にM250系貨物電車の運用を開始しました。佐川急便による貸切輸送として、東京貨物ターミナル～安治川口間を所要時間約6時間10分で、1日1往復します。最高速度は130km/h、表定速度は91km/hと、貨物列車としては史上最速です。営業運転時は電動車が前後に2両1ユニットずつ、その中間に付随車6ユニットが挟まります。

貨物電車M250系　(写真提供：日本貨物鉄道)

世界基準で見た日本の電車

これほど電車が走る国はない

POINT
- 日本の鉄道は輸送形態が特殊である。
- 世界では貨物輸送の比重が高い鉄道が多く、日本は旅客輸送が中心になっている。

●まれに見る電車大国の日本

　国際鉄道連合のデータによると、世界で鉄道の敷設距離が長い国は、米国・ロシア・中国・インドと続き、日本は12位です。上位4カ国は国土が広く、路線の距離が長いのも納得できます。しかし、国土が広ければ、航空利用の方がより速く目的地に到達できます。このため、いずれの国も**旅客列車より貨物列車が鉄道のメイン**になっています。

　米国は非電化路線が多いのも特徴です。米国では、太平洋〜大西洋間の貨物輸送に、南米大陸のホーン岬周りやパナマ運河を経由する船舶より鉄道貨物が速いことから盛んになり、強力エンジンのディーゼル機関車の重連が、1kmを超す長大貨物列車を牽引することもあります。日本は**水力発電**が早くから発達し、電気に恵まれ、都市近郊輸送用に私鉄による電車が普及しました。

●貨物より旅客が多いのも日本の特徴

　米国やロシアより国土が狭く海に囲まれた日本でも、かつては旅客輸送と貨物輸送が経営の両輪でした。しかし、昭和40年代に始まった**モータリゼーション**で地上の貨物輸送は鉄道から船とトラックに取って代わられていきました。さらに高度経済成長で人口が都市部に集中したことから、鉄道旅客輸送も短・長距離を問わず、運行頻度が高い電車へ移行しました。

　1964年に東海道新幹線が登場し、1975年に山陽新幹線が博多まで延伸して、東京〜博多間1069.1kmで電車の運行が始まりました。このときの新幹線の成功が、その後にヨーロッパ各国で次々と誕生する**高速旅客鉄道**(フランスのTGV、ドイツのICEなど)に影響を与えました。

豆知識

ロシアの大陸横断鉄道
国土の広い米国・ロシア・カナダでは、大陸横断鉄道が運行されている。ロシアのシベリア鉄道は、モスクワ〜ウラジオストク間の約9297kmを7日間かけて走破する。

路面電車の減少
1960年代から日本の都市部では、路面電車が自動車交通の妨げになると次々に減少した。しかし、世界では路面電車に超低床電車を導入するなどして復権した。

CLOSE-UP

東京〜博多間の所要時間
山陽新幹線博多開業時、東京〜博多間の所要時間は最速6時間56分。山陽新幹線での最高速度の向上、500系の投入などで、1997年には最速4時間49分、現在は停車駅が増えたうえで4時間47分まで短縮された。

海外の鉄道と日本の鉄道

大陸横断鉄道
米国やロシアでは何日間にもわたって走行する大陸横断鉄道がある。貨物輸送では船舶より速く、トラックより大量の荷物を運べることから、需要が高い。この写真は米国の2階建て客車列車。

日本の新幹線
新幹線は世界初の高速鉄道。現在も1列車当たり約1000人を輸送し、繁忙期には約3分間隔で走る、日本を代表する鉄道。

TRAIN COLUMN

路面電車に復権の兆し

　日本の路面電車は17都市19社局で営業しています。減る一方だった路面電車ですが、21世紀に入り見直され、わずかながら新規路線もできました。2006年にJR西日本富山港線が一部併用軌道となり富山ライトレールに、2009年に富山地方鉄道市内軌道線で環状運転を開始、2015年に札幌市交通局の市電(路面電車)の環状運転を開始した例などがあります。また、ホームとの段差がない超低床電車が導入され、乗りやすく利用しやすく変化しています。

広島電鉄1000形グリーンムーバーLEX
(写真提供:広島電鉄)

column

電車と見なされる乗り物

最新型は超電導磁気浮上式鉄道

　電車を"外部から電気を取り入れ、電動機で動く車両"と定義づけると、次のようなものも含まれます。

- **路面電車**…道路上に併設された軌道を走行します。定員増を図り、車両を多数連結した列車のような車両もあります。
- **モノレール**…1本のレールを使用する交通機関で、またがる跨座式（東京モノレールなど）とぶら下がる懸垂式（千葉都市モノレールなど）があります。
- **AGT（Automated Guideway Transit）**…自動運転により専用軌道を案内軌条に従って走行するゴムタイヤを履いた交通機関です。日本では「新交通システム」と呼ばれ、東京都交通局の日暮里・舎人ライナー、神戸新都市交通のポートライナーなどがこれに当たりますが、自動運転ではないものもあります。
- **トロリーバス**…道路の上空に張られた2本の架線から集電し、エンジンの代わりに電動機を搭載した電車です。
- **磁気浮上式鉄道**…磁気により車両を浮上させて走る構造で、リニアモーターで推進します。愛知高速交通リニモは常電導吸引型（HSST）で、最高速度は100km/hで走行します。リニア中央新幹線は超電導磁気浮上式で、最高500km/hでの運転が予定されています。

新交通システム

モノレール

リニア新幹線　　　　（写真提供：JR東海）

第 2 章

電車の車体と設計

電車の車体はどのような構造になっているのでしょうか。
デザインや設備、安全対策、
快適な乗り心地のしくみを見ていきましょう。

電車を形づくるもの
車体の材料

POINT
- 車体の材料は木から鉄へ移り変わった。
- 近年はステンレスとアルミ合金が主流になっている。
- 材料により強度や耐久性が大きく異なる。

●材料によって異なる車体の外観

明治時代に日本で最初の鉄道ができたとき、蒸気機関車は鋼鉄製でしたが、**客車や貨車は木造**でした。その後に登場した電車も、初めのうちは車体の材料に木を使っています。ただし、台枠すなわち床の裏の芯に当たる部分が鋼製となり、その上に木の部材を組み立てた車体を載せる構造になるなど、初期のころよりは進化しています。

日本は森林資源が豊富なので、材料の木を確保するのに不自由することはありませんでした。しかし、木造の車体は耐久性があまりなく、強度が確保できず安全性も十分とはいえません。1923年の関東大震災後の復興のころから、都市圏の鉄道は輸送力を向上させるため、**小形の木造から大形の鋼製の車体**に移行しました。

●鋼製からステンレス製、アルミ合金製へ

鋼製電車は大正末期に登場し、昭和に入ると木造電車は少なくなっていきました。しかし、この時点で鋼鉄を使っているのは車体の骨組みや外板などに限られ、内装の多くの部位には引き続き木を用い、屋根には防水加工した布が使われていました。この構造を**半鋼製**ともいいます。第二次世界大戦後には耐久性と快適性の向上、火災発生時の安全性などを考慮し、内装や屋根に金属や樹脂を導入し、木の部材を使わなくなりました。この構造を**全金属製**といいます。

そして、1950年代末に車体にステンレス鋼を使った電車の製造が始まり、1960年代にはアルミ合金製の電車が出現します。現在製造されている電車は、ほとんどが**ステンレス製**または**アルミ合金製**です。

用語解説

木造
木を材料にしてつくった車体は「木製車体」ではなく、「木造車体」というのが一般的。また、部品単位では「木製の座席」というように、「木製」という用語が使われる。

鋼製
鉄道車両の車体に使う鉄は、炭素の量を調整した鋼鉄と呼ぶもの。そのため、これでつくった車体は「鉄製車体」ではなく、「鋼製車体」と呼ぶのが一般的。

豆知識

ジュラルミン
第二次世界大戦直後、航空機製造用にストックしていたアルミ合金の一種、ジュラルミンが余っていた。これを電車の車体に流用した「ジュラルミン電車」が出現し、略して「ジュラ電」と呼ばれた。最近は、ジュラルミンではないアルミ合金の車体が、新幹線や特急電車などで多く用いられている。

車両の材料の種類

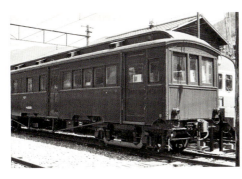

木造車体

木造家屋と同様に板や棒を組み合わせた構造で、各部の継目や補強材が目立つ。台枠は頑丈な鋼製で、後に車体を鋼製のものに換装した例もある。

半鋼製車体

車体外板には鋼板を使っているが、窓枠などは木製のままのものが多い。また、時代とともに溶接技術が普及し、リベット（鋲）が少なくなった。

全金属製車体

車体はすべて溶接で組み立てられ、外観は凹凸が少なくスマートになった。構造を工夫して軽量化した例が多い。窓枠はアルミ合金製が主流。

ステンレス製車体

ステンレスはさびにくいので、地色を生かして車体に塗装をしないのが基本だったが、近年は路線のラインカラーなどの色テープを貼り付けたものが多い。

車体の構造
軽量かつ安全な車体を目指して

POINT
- 強度の確保と軽量化が重要である。
- 製造工程の簡素化も進んでいる。
- アルミ合金ダブルスキン構造も普及している。

●安全性を確保しながら軽量化を実現

車体が木造から鋼製に移行すると、強度が飛躍的に向上した一方で、重量も大幅に増えました。これは列車の加速や減速の性能確保のうえで不利になり、線路への負担も増大するなど、さまざまなデメリットが生じます。そこで、1950年代から私鉄を中心に**軽量化の技術が進化**しました。

従来の車両には頑丈な台枠があり、それが強度確保の要だったのですが、反面、重量もかさみました。軽量化に当たり、強度確保を台枠だけに頼らず、車体全体に応力を分散させる方法が採用されます。これは卵の殻のようなイメージで、**張殻構造**と呼びます。完全な張殻構造で、航空機のような丸みのある車体も出現しましたが、より普及したのは、最小限の骨組みを併用した**準張殻構造**です。

●ステンレスとアルミ合金の採用

鋼製車体の材料となる鉄は、金属としては低コストで加工もしやすいのですが、さびが発生するという弱点があります。そこで注目されたのがさびにくい金属、**ステンレス**です。1950年代末から車体へのステンレスの採用が本格化します。初めは骨組みの部分は従来通りの鋼製で、車体外板にステンレスを用いた構造でした。その後、骨組みを含めた全体をステンレスにした**オールステンレス**の構造に進化し、現在も車体の軽量化技術や見栄えの良さなどが進化を続けています。

アルミ合金は1960年代から採用され、2000年ごろからは二重になった断面を持つ部材を組み合わせた**アルミ合金ダブルスキン構造**が普及します。ステンレスやアルミ合金の車体でも、前頭部だけ鋼製あるいは樹脂製のものもあります。

用語解説

台枠
鉄道車両の車体の床の裏側にある、強度を支える基礎となる部分。前後方向の背骨に相当する頑丈な鋼材と、左右方向の梁などで構成されている。

張殻構造
張殻構造はモノコック構造ともいう。卵の殻が柱や梁がなくても強いように、自動車でもフレームのないモノコック構造の車体が主流になっており、これは鉄道車両と共通の傾向にある。

進化した車体の構造

安全性を確保しながら軽量化するため、車体の構造は時代とともに進化しました。なかには構造の特徴が車体の外観に現れ、個性的なスタイルになった電車もあります。

張殻構造の東急5000系(初代)

東京急行電鉄(東急電鉄)に1954年に登場した5000系電車(初代)は車体が張殻構造で、丸みのある形状に特徴がある。従来の鋼製車体に比べて大幅に軽量化されている。

軽量ステンレス車体の構造

第三世代ステンレス鋼車両の構体構造

車両メーカーの東急車輛製造(現・総合車両製作所)は、米国の技術を導入し、独自に改良を行ない、軽量ステンレス車体を開発した。部位によりステンレスの種類や板の厚さなどを、巧みに使い分けている。

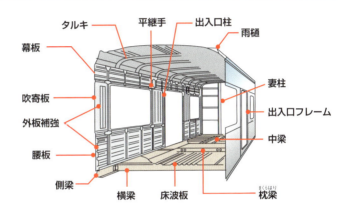

TRAIN COLUMN

オールステンレス車体とは

　ステンレスは鉄にクロムなどを混ぜた合金で、さびにくいという特性があります。鋼製車体の場合はさびが発生しても強度が確保できるよう、板を厚くする必要があるのに対し、ステンレスはそのような配慮が不要なので、薄い板を使って軽量化することができます。また、さびにくいので塗装せずにステンレスの地肌を露出させても問題ありません。製造やメンテナンスの際に塗装工程が省略され、コストダウンにもつながります。

　骨組みを含めた全体をステンレス製としたオールステンレス車体は、もともとアメリカの車両メーカーであるバッド社が開発し、特許を持っていました。日本では東急車輛製造がバッド社と技術提携し、1961年に日本初のオールステンレス車体の電車、東京急行電鉄7000系(初代)を完成させました。その後も東急車輛製造ではオールステンレスの車両を製造し、1970年代には軽量ステンレス車体を開発。これはバッド社の特許を用いたものではなく、自社オリジナルの技術によるものです。東急車輛製造の鉄道車両部門は、2012年にJR東日本傘下のメーカーである総合車両製作所に移管されましたが、引き続き軽量ステンレス車体の電車を海外向けを含めて製造しています。

用途に合わせたデザインに
列車と車両のデザイン

POINT
- ●「車両」と「列車」は違うものを表している。
- ●車両のデザインは特急型と通勤型で異なる。
- ●列車のデザインは基本編成と付属編成で異なることが多い。

●車両と列車の定義は省令により定められている

「車両」と「列車」は明確に異なり、国土交通省の「鉄道に関する技術上の基準を定める省令」第一章第二条に次のように定められています。車両は「機関車、旅客車、貨物車及び特殊車（除雪車…中略）であって、鉄道事業の用に供するもの」で、列車は「停車場外の線路を運転させる目的で組成された車両」、つまり**車両は人や物を積載する"箱"、列車は車両を組成（編成）して停車場（駅）以外の線路上を走るもの**を指します。なお、軌道法においては1両単位で運行される路面電車を考慮した法令のためか、「列車」の表記はなく、「車両」として扱われています。

●車両と列車の関係でデザインをつくる

車両は用途によってデザインが異なります。**長距離を移動する特急型**と、**ラッシュ時に多くの乗客を乗せなければならない通勤型**では、例外もありますが座席の配置、天井の照明、乗降扉の数・開閉方式、乗降区画と客室を隔てるデッキの有無などに差異があります。特急型車両も、普通車とグリーン車では座席の質、座面の広さ、車内の壁の色などに差があります。また、車両には隣の車両に移動するための貫通路を設けなければならず、車両によって扉のサイズ、窓などに工夫が凝らされています。

列車のデザインは、**必要な輸送力を確保するための「基本編成」**と、**ラッシュ時や乗客が多い区間で用いる増結用の「付属編成」**があります。JR東日本東海道本線や東北本線を走る近郊タイプのE231系は、基本編成に2階建てグリーン車を組み込んでいますが、付属編成は普通車のみです。

用語解説

貫通扉
連結した車両と車両の間を通り抜ける部分を貫通路といい、そこに設けた扉を貫通扉という。これとは別の目的で、トンネル内などで非常口として使う扉を前面に設けたものがあり、中央からずれた位置に備えられているものもある。

豆知識

電車の連結
電車はモーターや制御器など運転に関する機器を搭載している。1両に集中させると自重がかさみ、さらに運転台を前後に1カ所ずつ設けなければならないため、通常は2両以上連結して運行される。

グリーン車
座席の大きさや掛け心地、車内の静かさなど、普通車より上級の設備を設けた車両で、運賃のほか、グリーン料金（特急列車なら特急料金も）が必要。

車両のデザイン

車両のデザインはさまざまなものがあり、座席の配置や設備、編成に違いがあります。

特急形と通勤形　車両デザインの違い

	座席配置	車内照明	乗降扉の数	乗降扉の開閉方式	デッキの有無
特急形	クロスシート	グローブ付き、間接照明	1〜2	片開き	有
通勤形	ロングシート	関東ではむき出し、関西ではグローブ付きが多い	3〜6	両開き	無

特急における基本編成と付属編成　デザインの違いの例

	編成の長さ	客室設備
基本編成	長い	普通車・グリーン車・車販準備室など
付属編成	短い	普通車のみ

E231系
東日本旅客鉄道（JR東日本）の電車。中央・総武緩行線や、東北本線のほか、山手線や東京メトロ東西線（中央・総武緩行線と相互直通運転を実施）など、関東近郊で使われている。

TRAIN COLUMN

地下鉄車両は貫通扉の設置が義務

先頭車には、貫通扉のない車両（非貫通型）とある車両（貫通型）の2種類が存在します。貫通型先頭車は他編成と連結した際に行き来ができますが、運転台などにデザイン上の制約が発生します。しかし、地下区間を走る車両は事故発生時の脱出用として、正面に貫通扉の設置が義務づけられています。
貫通型の先頭車両　名古屋市交通局東山線5050形

さまざまなバリエーションがある
窓と扉

POINT
- 冷房の普及と安全確保のため、開かない窓が主流になった。
- 乗降の頻度が高いほど、1両当たりの扉の数が多い。
- 引戸や折戸など、扉にはいくつかの種類がある。

●開けられる窓と開けられない窓

　鉄道車両には、外から光を採り入れたり、外の様子を見たりするための窓が必要です。1940年代ごろまで、鉄道車両の窓は**ガラスを木製の枠で固定**し、扉や戸袋、運転台の正面などを除き、開閉するものが主流でした。冷房装置がなかったので、換気のために窓を開けられなければならなかったのです。

　1950年代中ごろからはアルミ合金製の窓枠が普及しました。これを**アルミサッシ**といいます。また安全のために、冷房付きの車両では窓が開かないものが主流となりました。近年は普通列車用を含めほとんどの電車が冷房付きですが、冷房装置故障時の換気用に、一部の窓を開閉可能にした車両もあります。

●用途によって異なる扉の形と数

　日本では電車が登場した当初から現在に至るまで、扉は横にスライドして開閉する**引戸**と呼ばれるタイプが主流です。1つの扉が1枚で成り立っているものを「**片開き**」、左右に開く2枚で成り立っているものを「**両開き**」といいます。乗客の乗り降りの頻度が高いほど、扉の幅が広く、1両当たりの扉の数が多いのが基本です。

　新幹線などの特急型電車の大半は、**片開きで幅の狭い扉**が各車両の片側に1つあるいは2つあります。中距離や短距離の電車では、**幅が広い両開きの扉**が片側に3つあるいは4つというのが標準的です。ほかにも、片開きの扉が3つ、両開きの扉が2つ、あるいは両開きの扉が6つなど、バリエーションは多彩です。また、一部の電車には開く際に戸袋に入らず、屏風のように折れる扉が使われています。これを**折戸**といいます。

用語解説

戸袋
引戸の扉が開いたときに入る、側面が二重になった部分を戸袋という。かつては戸袋に窓があったが、近年の車両ではここに窓がない。

豆知識

プラグドア
戸袋がなく、開くときには外側に少しずらしてからスライドする。

CLOSE-UP

5扉、6扉
京阪電鉄で1970年に登場した5000系電車は片側に扉が5つあり、日本初の5扉車として話題になった。JR東日本では1990年代から山手線などに6扉車を導入した。ほかの私鉄や地下鉄にも扉の数を多くした車両があるが、近年はこのような車両の製造を取りやめる傾向にある。

窓と扉の構造

窓と扉にも材質の種類があり、形状や構造も時代とともに変化しています。車両の用途によるバリエーションもあります。

片開き扉と木製の扉と窓枠
左の写真はナデ6141号電車。木製で両運転台式の制御電動車。車体中央部に引戸式の客用扉が設置されている。
(写真提供：鉄道博物館)

片開き扉が2つ、アルミサッシの窓
左の写真は国鉄の急行列車に使われた165系電車で、片開きの扉が車体の両端に1つずつある。窓はアルミサッシで、上段が下、下段が上に開く。

両開き扉が3つ
中距離、短距離を走る電車は、両開き扉を1両に3つ備えたものが多い。左の写真はステンレス車体のJR東日本719系で、窓は1段で下に開く。

折戸
左の写真は近畿日本鉄道の特急電車21000系。扉は幅が狭い折戸が1つだが、乗降の頻度が低いため、不便ではない。窓は固定式で、車内の静粛性に効果がある。

扉の開閉装置

車掌による操作と乗客による操作

POINT
- 扉の開閉には圧縮空気を利用したものが主流である。
- 扉の開閉を工夫し、冬の寒さ対策が行なわれている。
- リニアモーターを使った扉も登場している。

●開閉機構でも見られる新技術

　大部分の電車の扉は車掌がスイッチを操作し、自動で開閉します。**開閉機構**は**圧縮空気**を利用したものが多く、作動時に「シュー」という音が聞こえるのはそのためです。空気は力を加えるとさらに圧縮できるので、閉まりかけた扉に人や荷物が挟まったとき、少し開けることもできます。

　近年は**リニアモーター**や**回転型モーター**を使って開閉する扉も導入されています。JR東日本では、E231系の近郊型タイプ、E233系、E531系などが該当します。空気と違ってきめ細かな電子制御が可能で、人が挟まったときの安全対策にも有利です。また電気配線の方が、空気を利用する場合に必要になる配管より、設計の自由度が大きく、**製造やメンテナンスのコスト低減**にもつながります。

●寒冷地用の半自動ドア

　電車の扉は、編成全体でホームに面した側のものが一斉に開閉するのが基本です。しかし、冬季の寒冷地では扉が全部開くと、車内の暖房が効かなくなってしまいます。そこで、電車が**駅で停車中に扉を開けるときは乗客が手動で行ない、閉める時は自動**で行なう方式が導入されました。これを**半自動扉**といいます。乗降する人がいる扉だけが開けられ、その後、手や押しボタンで閉めることもできるので、車内が寒くなるのを防げます。また、近年は乗客がスイッチの操作でドアを自動開閉させる方式も導入されています。

　自分で扉を開けなければならないので"古いタイプ"と思う人もいるようですが、決してそのようなことはなく、サービス向上のためのしくみです。

 豆知識

ホームからはみ出す車両への対応

ホームが短いため、編成の一部がはみ出す駅がある。その場合、ホームがある範囲に止まる車両の扉だけを開閉できる装置を組み込み、該当する駅ではそれが作動するようにスイッチを切り替える。

圧縮空気によるドアの開閉

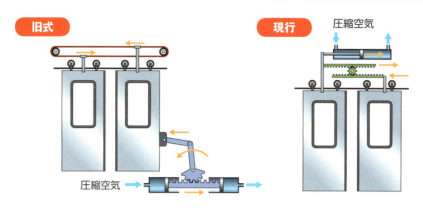

電車のドアの多くは圧縮空気の力で開閉する。図の左は歯車、リンク、ベルトを使った旧式のもので、右はシンプルな構造になった新しいタイプ。

リニアモーターによるドアの開閉

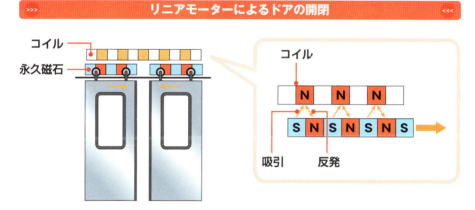

近年はリニアモーターを用い、磁石の吸引と反発の力でドアを動かすものが普及している。安全対策にも有効で、圧縮空気のものより作動時の音が小さいのも特徴。

TRAIN COLUMN

ドアの開閉を知らせる車側表示灯

　駅から発車するとき、車掌はすべての扉が閉まったことを確認します。しかし、編成が長い場合などは、全部の扉を肉眼で見ることができるとは限りません。そこで、各車両の側面に1個ずつ小さな赤いライトを設け、ドアが1つでも開いている間は、それが点灯するようになっています。このライトを「車側表示灯」あるいは「ドア知らせ灯」と呼びます。赤いライトが1つでも点灯していたら、「発車してはいけない」という意味になり、車掌が確認するのも容易です。車側表示灯が点灯しているときは、運転士がノッチを操作しても起動できないようになっています。

座席は大きく分けて2種類、つり革は進化
座席とつり革

POINT
- 車両の用途によって、座席の形や配置が異なる。
- ロングシートとクロスシートの2種類に大別される。
- つり革もバリアフリーに対応している。

●座席の向きは大きく分けて2種類ある

　電車の座席は、設置されている方向によって、大きく2種類に分けられます。山手線を始めとした通勤電車でおなじみの、線路の延びる方向に座席を並べたものを**ロングシート**といいます。これはドアとドアの間の、長い座席に由来した呼び名です。ただし、車両の端などには短いシートもあります。

　これに対し、特急用の電車などにある、線路方向に対して直角に座席を並べたタイプを**クロスシート**といいます。向きが固定されたもののほか、座席が丸ごと回って反転する**回転式クロスシート**、座面はそのままで背もたれだけ前後に動かして向きを変える**転換式クロスシート**というバリエーションがあります。

　1つの車両にロングシートとクロスシートの両方を備えたものを**セミクロスシート**といいます。

　JRの場合、もともとはグリーン車と普通車の2種類のランクがありましたが、東北新幹線と北陸新幹線にはさらに上級の**グランクラス**も設定され、豪華な座席を備えています。

　観光列車など、従来にないユニークな座席の例もあります。

●意外に種類が多いつり革

　立っている乗客がつかむつり革には、握る部分の形状が**円形**、**三角形**などバリエーションがあります。つっている部分が、もとは革でできていたことからつり革という名称になりましたが、今はナイロン繊維を樹脂でコーティングしたものが主流です。また、以前はつり革の長さは一定でしたが、近年は一部を背の低い人でも届くように長くし、**バリアフリーに対応**したものが多くなっています。

豆知識
定員
特急用などクロスシートの車両の定員は、座席の数と一致している。ロングシートやセミクロスシートの場合は座席の数に加え、つり革や手すりを持って立つ人数も定員に含めている。

CLOSE-UP
グランクラス
東北新幹線・北海道新幹線のE5系及びH5系、北陸新幹線のE7系及びW7系にある、グリーン車より上級の車両。座席が豪華なほか、専用アテンダントによる軽食と飲み物のサービスなどがある。「グランクラス」はフランス語の「Gran」(大きな)と英語の「Class」を組み合わせた造語。

座席の種類

普段、何気なく利用する電車の車内にある座席やつり革は、用途に応じて形状や配置が工夫されています。また、時代とともに技術が改良され、製造コストの低減、快適性の向上などが進んでいます。

ロングシートとつり革
ロングシートは通勤電車を中心に普及。また、つり革はロングシートの前に立つ人のために設置したものが多い。左の写真のつり革は伝統的な丸いタイプ。

クロスシート
進行方向あるいは後ろ向き、窓を横にして配置されたものがクロスシート。上の写真は1980年代前半ごろまでに製造された国鉄車両に多い、固定式のタイプ。

北陸新幹線E7系の座席

東北新幹線・北海道新幹線、北陸新幹線にはグランクラス、グリーン車、普通車があり、それぞれ専用の座席を使用。料金も異なります。写真は北陸新幹線E7系の座席です。

普通車
通路を挟み、回転式クロスシートを3列+2列に配置している。背もたれはリクライニングし、ヘッドレストの位置も調整可能。

グリーン車
2+2列の回転式クロスシートで、普通車より座席が大きく、ゆったりとした配置になっている。背もたれのリクライニングとレッグレストはスイッチの操作で調整でき、読書灯も備える。

グランクラス
グリーン車よりさらにゆったりした、2+1列の回転クロスシート。本革張りで45度までリクライニングするなど、最上級の座席になっている。

電気によって車内の温度、湿度、換気などを調節
冷暖房と換気

- 鉄道草創期は窓を開けて自然の風を車内に入れていた。
- 冷房より暖房が先に普及した。
- 暖気・冷気を逃さないため、窓が開かない車両もある。

●座席の下にある暖房装置

　かつての鉄道車両は**側窓が開閉でき**、夏季は走行中に開けることで風を入れ、車内を涼しくしていました。蒸気機関車牽引列車ではすすが侵入して顔や手が黒くなることもありましたが、**窓を開ける、または天井に設置されている換気装置を調整する**ことで、車内がいくぶん快適になるようになっていました。

　暑さに対しては対処しやすかった初期の鉄道車両ですが、寒さには弱く、**冷房より暖房が先に普及**しました。電車はもともと走行用に電気を使用しているため、電気による暖房装置を備えることは比較的容易でした。暖房が導入された当初は、座席の下に一種の電熱器のようなものを取り付け、暖気を取りました。冬季に座席部分が温かく感じられるのはこのためで、温度の高い空気は下から上に流れるため、低い位置に暖房装置があるのは理にかなったことといえます。

●天井に冷房装置と送風装置を設置

　一方、冷房が普及するのは戦後になってからです。国鉄で最初に冷房装置を取り付けた電車は、1958年に東海道本線の特急「こだま」でデビューした**モハ20系（後の151系）**です。その後は徐々に冷房装置が広まり、現在は当たり前の設備になっています。

　冷房の吹き出し口は、ほとんどが車両の天井にあります。かつては天井に扇風機が設置され、円を描くように向きを変えて風を送っていましたが、現在は線路方向に送風口が伸びるラインフローが増え、冷房と送風で快適な車内環境が保たれています。通勤型にも窓が開かない車両が増えましたが、それはせっかく**快適になった暖気・冷気を逃がさない工夫**でもあります。

 豆知識

屋根上の冷房装置の種類

屋根上に搭載する室外機に相当するものは、中央の大きなユニットにまとめた集中式と、複数の小型ユニットに分けた分散式に大別される。また、中くらいのユニットを2基搭載し、集約分散式と呼ぶものもある。

CLOSE-UP

冷房装置の電源

冷房装置に電源を供給する補助電源装置は各車両にあるのではなく、数両に1基搭載している。1970年代に冷房車が導入され始めたころは、冷房装置はあるのに補助電源装置を備えた車両を連結していないため、夏でも冷房を使えない車両があった。

暖房と換気の装置の種類

鉄道車両の冷房は戦後になって本格的に普及しましたが、暖房と換気の機能は古くからあり、それぞれの装置の構造は時代とともに変わり続けています。

電気による暖房
座席の下にある小さな穴が並んだカバーの奥に、抵抗に電気を流して熱を発生させる暖房装置がある。これが電車の伝統的な暖房の方式。

蒸気による暖房
写真はかつて国鉄で運転していた客車列車で、暖房に蒸気を使用した例。電気機関車に搭載した蒸気発生装置から、暖房用の蒸気を客車に供給する。

東海道・山陽新幹線700系の空調装置のイメージ

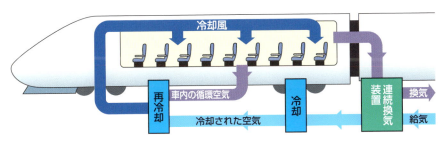

1999年に営業運転を開始した700系は、当時最新だった二段冷却式空調システムを採用した。冷やした外気と室内を循環させた空気を再冷却して合わせ、さらに冷やすしくみ。

TRAIN COLUMN

新幹線の連続換気装置

高速で走る新幹線の車内は密閉構造になっています。ここには空気を新鮮に保つ連続換気装置が採用されています。給気ファンにより新鮮な外気を車内へ、排気ファンにより客室内の空気を車外に排出します。連続換気装置の役割はこれだけではなく、列車がトンネルを通過する際に車外圧力が客室内に伝わって起こる「耳ツン現象」の抑制も担っています。

隣の車両との行き来に用いる
貫通路

POINT
- 貫通路(かんつうろ)は利便性と安全性を保つためにある。
- 貫通路は扉の有無も重要である。
- 扉に窓があり、向こう側に人がいないか確認できる。

●避難用の通路にもなる貫通路

連結した車両と車両の間を通り抜ける通路を**貫通路**といいます。これを設けた目的の１つが、**乗客の利便性**です。空いている車両や、降りる駅で改札口に近い位置に止まる車両に移るためにも使われます。もう１つ重要なのは、**非常時の避難**に使われることです。事故や火災が発生したとき、乗客は安全な車両へ移りますが、トンネル内などで側面の扉から車外へ避難できない場合は、特に貫通路が重要になります。

貫通路の幅は、**600mm～800mm**程度のものが多いですが、私鉄や地下鉄では**1000m**を上回る幅広のものもあります。

●進化する貫通路の扉

貫通路は雨天でも乗客が安全に通れるよう、防水性能のある布でつくられた幌(ほろ)で覆われ、床の部分には金属製の渡り板が敷かれています。車両の端、貫通路への出入口にある扉には、**車内への騒音の侵入防止**、**冷房や暖房の効果向上**の役目があります。また長い編成により、走行中に車内を風が吹き抜けるのを防ぐためにも、貫通路の扉は欠かせません。さらに、火災発生時には**隣の車両への延焼防止**にも役立ちます。

貫通路の扉には窓があります。これは、向こう側に人がいるかどうかを確認するために必要なものです。また、貫通路の扉は**片開き**が主流ですが、幅が広い貫通路には、中央で分割する両開きの扉のものもあります。貫通式の先頭部にある貫通扉は開き戸が主流で、貫通路使用中はこれが内側に開いた状態で固定されます。

 豆知識

貫通路の扉

以前は貫通路に扉のない車両が多く見られた。しかし、現在は火災発生時の延焼防止のため、貫通路には自動で閉まる扉を設けることになっている。

貫通路の扉

扉がある貫通路
貫通路には引戸の扉を備えたものが多い。扉には車内の快適性向上、火災発生時の安全性向上などの効果がある。左の写真は東急電鉄1000系1500番台の車両。

自動的に閉まる扉
近年の車両は、貫通扉を閉めずにおいた場合も、自動的に閉まるようになっている。左の写真は東急電鉄7000系（2代目）の貫通扉にある表示。

貫通路にある幌

車両の連結部にある幌
貫通路は幌で覆ってあり、車両と車両の連結を切り離す際は、これを取り外す。上の写真では右側の車両から外した幌が、左側の車両に付いている。

幌の整備
幌は走行中に上下左右に動き、伸縮もするので徐々に傷むため、車両の定期検査などの際に整備する。上の写真は車両工場にある、幌を整備する設備。

貫通路を覆う幌
車両と車両を連結して幌を装着すると貫通路は覆われ、雨や風が入らなくなる。幌は伸縮する構造で、車両と車両の相対的移動に対応している。

先頭車の前面に取り付けた幌
前面が貫通式の先頭車には、貫通路を使う場合に備えて幌を取り付けているものがある。上の写真は国鉄からJR東日本に継承された115系電車。

放送・案内装置

車内モニターによる案内が普及

POINT
- 車両間には電気配線がつながっている。
- 最近の車両では文字情報を使って案内する。
- CMやニュースはサービス向上と広告収入の効果がある。

●肉声から自動放送へ

鉄道草創期、次駅の停車案内は**車掌の肉声**によるものでしたが、車両が複数連結されるようになると、**マイクとスピーカーを使った放送装置**が普及します。マイクは車掌室に置かれ、特急列車では中間車に車掌室が配置された車両があります。通勤列車などではおおむね編成端にあり、運転室と兼用です。

ワンマン運転の場合は運転士の業務負担を減らすため、あらかじめ録音されたものを流す**自動放送**が比較的早い時期から行なわれましたが、近年は車掌が乗務する列車でも使われる機会が増えました。また、ワンマン運転でも運転士が肉声の放送案内を行なうことがあります。

●車内モニターを使い、CMやニュースを提供

乗降扉の上部に**LEDや液晶モニターを設置**し、次駅や旅客案内などを文字あるいは映像で伝達する案内装置が、急速に普及しています。初めは横長の路線図に進行方向、行先、次停車駅を点灯・点滅表示するだけの簡単なものでしたが、1980年代になると、LEDにより**次駅と乗り換え案内、列車種別、行先などが日本語と英語で交互にスクロール表示される**ものが登場しました。色の組み合わせや点滅表示で、乗客に見やすい工夫がされていました。

1990年、JR東日本が山手線を走る205系の6扉車900番台を試作し、翌年サハ204形0番台として量産しました。この車両で初めて客室内に9インチの液晶モニターが導入され、戸袋付近に設置されました。その後、画面サイズの拡大やデジタル無線通信を介して運行情報をリアルタイムで表示できるようになりました。

CLOSE-UP

山手線の2画面表示

山手線での評判は高く、液晶モニターは他社の車両にも普及しています。2画面を搭載し、片側には次駅や運行情報など、もう片側に動画のコマーシャルを流して、新しい広告スペースとする車両も登場しています。

表示装置

「成田エクスプレス」車内の表示装置
車内の液晶ディスプレーの左側に列車の現在位置と目的地の到着予定時刻などを表示し、右側にはニュースなどを表示。外国語も表示される。

通勤電車の車内の表示装置
東急電鉄7000系(2代目)の車内、ドア上にある表示装置。左側で沿線案内やCMなどを上映し、右側に行先や所要時間など運行に関する情報が表示される。

放送案内

車掌が行なう放送案内
マイクを使い、停車駅や到着予定時刻のほか、車内設備などを案内する。最近は録音された内容による多言語放送が普及しつつある。
(写真提供:東急電鉄)

TRAIN COLUMN

荷棚上のスペースに液晶モニターを設置

2015年から営業運転を始めたJR東日本山手線のE235系は、これまでの乗降扉上部に加えて側窓上部(荷棚の上)にも広告用の液晶モニター、デジタルサイネージを設置しました。従来、このスペースは横長の広告スペースでしたが、E235系は紙の広告を廃止しました。JR東日本は動画広告を含め、デジタルサイネージならではのコンテンツを検討するとしています。なお、中づり広告は利用者や広告会社の要請で廃止になっていません。

見通しよく、空気抵抗を意識して
運転台の構造と電車の顔

- ●運転台は、前方の見通しと操作のしやすさが重要。
- ●高速化により電車に流線形が採用された。
- ●格好いい"顔"と機能の向上は一致しない。

●電車の"顔"は鉄道のイメージをつくる

運転台は列車の走行の中枢を担う場所です。**マスターコントローラー（主幹制御器）やブレーキなどの運転機器、速度計・電圧計などのメーター類**が配置され、運転士はこれらを操作し、前方の信号に従って安全に運行します。運転台のある乗務員室には車掌が使用する**車内放送装置、扉開閉装置**などが設置されています。

正面の見通しをよくするため、運転台の窓にはワイパー、正面の窓周りには前照灯、進行方向を示す尾灯、ホームに立つ利用者に示す行先表示機などが設けられています。また、正面の貫通扉は電車の"顔"をつくる重要なパーツ。ほかの編成と連結するため中央にあるか、端に寄せるかで、表情は変わります。

●トンネル微気圧波を避ける前頭部の形状

1964年に開業した東海道新幹線の0系電車は、最高時速200kmを超えるスピードで走るため、空気抵抗を減少する目的で先頭車に**流線形**を採用しました。その後、新幹線では新型車両の最高速度が向上したため、**トンネル微気圧波**の問題が発生し、山陽新幹線500系では先頭車27mのうち車体断面がすぼまる部分の長さを15mとする極端な流線形を採用しました。この形状では客席数が犠牲になるため、東海道新幹線700系、東北新幹線E2系、上越新幹線E4系では**モックアップ**を組み風洞実験を繰り返し、客席数をあまり減らさずトンネル微気圧波対策を施した、**複雑な曲面を形成する前頭部**が生まれました。

また、流線形は列車同士のすれ違い時に発生する衝撃を軽減するため、近年に新造された通勤型車両は新幹線車両ほどではない半流線形の前頭部のものが多くなりました。

用語解説

モックアップ
外観デザインの試作・検討を行なうために製作される模型。鉄道車両の製造には欠かせず、縮小したものだけでなく、客室内を検討するために実物大がつくられることもある。

トンネル微気圧波
高速列車がトンネルに突入した際に発生するトンネル内の気圧変動を指す。長いトンネルでは高速列車が突入するとトンネル内の空気が逃げ場を失って圧縮され、衝撃波のようになる。するとトンネルの出口で圧縮空気が一気に解き放たれ、「ドン」という衝撃音が出る。バラスト軌道の東海道新幹線では砕石の間に圧縮空気が吸収されたためトンネル微気圧波は起こらなかったが、スラブ軌道を採用した山陽新幹線以降に開業した新幹線ではこの現象が深刻化した。

運転台の構造

運転台の構造は時代とともに変遷し、運転士の居住性や安全性が向上しています。
また、運転台の位置や構造は、電車の外観の印象も大きく左右します。

クラッシャブルゾーンを設けた例
客室最前部の扉が、普通より後ろに寄っている。上の写真はJR東日本E231系の近郊型仕様。

運転台を高い位置に設けた特急
特急電車は高速で走るので運転台を屋根上に設け、前方視界をよくしたものが多い。上の写真はJR東日本が「成田エクスプレス」に使用しているE259系。

スピードに合わせて進化した先頭車両

0系
1964年に開発された初代の新幹線。世界で初めて200km/hを超える運転を達成した。

700系
1999年に営業運転を開始。最高速度は285km/h。500系の300km/hには及ばないが、300系の270km/hより速い。複雑な形状が必要になったのは日本の新幹線の上下線間距離が狭いためで、台湾の700T系はもっと素直な形状になっている。

TRAIN COLUMN

パンタグラフの位置は

パンタグラフは、架線から走行や車内照明などに必要な電力を得る集電装置です。運転台近くの屋根上にパンタグラフを搭載する電車は、正面から見ると車両の顔の上にアクセサリーがあるようで、一部の鉄道ファンに人気がありますが、近年はあまり採用されていません。これは走行時にパンタグラフが発生する風切り音が大きくなるため、編成の先頭から離れた位置に配置して騒音を減少させようと工夫しているためです。

運転台の設備

自動車よりも多くの機能を持つ

POINT
- 運転の要となるのは加速と減速の操作をする装置。
- 電気や空気などの各種メーター、灯火類や警笛などのスイッチも備えている。

●人間工学を採り入れた設計

運転台には運転中に必要な操作をする機器やスイッチ、メーターや表示灯などがあります。自動車も同様ですが、電車の場合は編成を組んで多くの人を運ぶので、機能がずっと多くなっています。

基本となるものは、**加速の操作をするマスコンハンドル**と、**ブレーキハンドル**。前者を左手、後者を右手で操作するものが一般的です（新幹線は逆の配置が主流です）。そして、速度や架線の電圧、走行に使う電流、各部の空気の圧力などを表示する**メーター**、**保安装置の表示**などが並んでいます。

また、灯火類やワイパーのスイッチ、車掌や運転指令所と連絡を取る電話や無線機など、さまざまなものが機能的に配置されています。

●主流となったワンハンドルのマスコン

もともとマスコンとブレーキは手で握ってひねるハンドルで、運転台の左右に独立して配置されていました。1969年に登場した東急電鉄8000系量産電車では、初めてマスコンとブレーキを1つのハンドルで操作する、「**ワンハンドルマスコン**」という方式が採用されました。8000系ではハンドルを手前に引くと加速し、奥へ押すと減速します。

その後、東急電鉄以外でもワンハンドルマスコンが普及しました。東急電鉄のものは両手で握って操作しますが、片手で操作するものもあり、鉄道会社や電車の形式によって形状はさまざまです。また、マスコンとブレーキが別々のタイプは今でも多く見られますが、ハンドルの構造や形状を新しくしたものも導入されています。

用語解説

マスコン

マスコンは「マスターコントローラー（主幹制御器）」の略。車輪を駆動する主電動機に送る電気の量を調節するもので、自動車のアクセルに相当する役割を持つ。

豆知識

逆転ハンドル

車両の進行方向を切り替えるためのハンドル。

運転台のしくみ

車両によって異なる、運転台の違いを解説します。

新幹線E4系

高速走行で停車回数が少ない新幹線。マスコンハンドルは右手、ブレーキハンドルは左手で操作する。

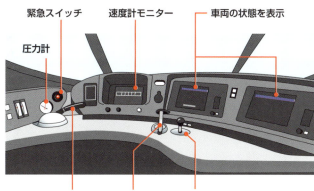

京急電鉄2100系

運転台の中央にT形のワンハンドルマスコンがある。その近くに緊急スイッチがついている。

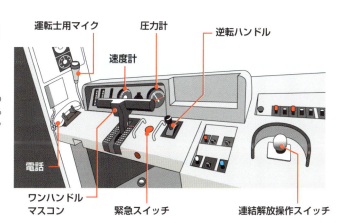

東武鉄道100系スペーシア

マスコンハンドルは左手、ブレーキハンドルは右手で操作する。パンタグラフスイッチは、架線故障などの緊急時にパンタグラフを降下させるために使用する。

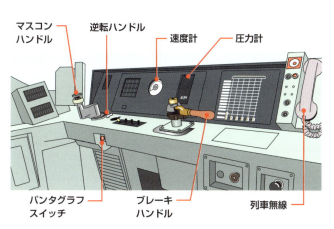

長距離列車には欠かせない
トイレの設備

POINT
- 長距離の運転をするようになり、車両にトイレが設置された。
- 和式から洋式へ、「たれ流し」式から循環式へと、時代とともに進化した。

●トイレなしで開業した日本の鉄道

　1872年に日本で最初の鉄道が開業してからしばらくは、列車にはトイレが設置されていませんでした。当時は列車の速度が遅く、運転距離の割に所要時間が長かったので、利用者にとって深刻な問題となるケースもあったそうです。また、やむを得ず窓から用を足す人も現れ、そのような行為が罰金の対象になったといわれています。

　20世紀に入ると、長距離を走る列車にはトイレが付きました。便器は**和式**で、男女とも使いやすいよう、床に段差が設けられたものが普及。後に洋式便器が使われます。

　また、水洗式は早くから導入されますが、便器からの排出については、下に伸びたパイプからそのまま線路に落とす、いわゆる「**たれ流し**」**式**が長く使われていました。

●環境に対応した進化

　「たれ流し」式のトイレは停車中に使用しないよう、入口に表示がありました。

　沿線の環境によくないので、1960年ごろからは汚物を**タンクにためておく方式**が徐々に普及します。初めは単にためるだけでしたが、タンクがすぐに満杯になるので、やがて水に薬品を混ぜて途中のフィルターを介して循環させる方式が開発され、これが標準的なものとして定着しました。また、近年は**真空で吸引する方式**が導入されています。これら「たれ流し」に代わるシステムを総称し、一般に「**汚物処理装置**」といいます。

　トイレの扉には内側からかけられる鍵があり、それと連動して使用中であることが入口外側と、客室内に表示されます。

 豆知識

バリアフリー

近年は車椅子に対応したトイレも多くの列車に導入され、バリアフリー化が進んでいる。長い編成の場合、車椅子対応座席と車椅子対応トイレが同じ車両にあるケースが多い。

CLOSE-UP

汚物処理装置

循環式汚物処理装置もタンク内に汚物がたまるので、それを抜き取る設備が車両基地にある。車両の運用は、走行距離などに応じて定期的に車両基地に入庫するように設定しなければならない。列車が終点に着き、そのまま折り返さずに一度車両基地に入ることがあるが、トイレの汚物の抜き取りが目的というケースもある。

新幹線グランクラスのトイレ

東北新幹線・北海道新幹線と北陸新幹線にある最上級車両、グランクラスはトイレと洗面所もほかの車両と違う、特別なものになってます。下の写真はJR東日本E7系のものです。

車椅子対応トイレ
グランクラスのトイレは車椅子対応で、内部が広い。扉はカーブした引戸で、スイッチを操作すると自動で開閉する。壁面の色にも高級感がある。

洗面所
グランクラスは洗面所も高級感のあるデザイン。鏡の左右に間接照明があり、プライバシー保護のためのカーテンも備える。

和式トイレと洋式トイレ

和式トイレ
男女とも使いやすいよう、床に段差が設けられている。

洋式トイレ
近年採用されている真空で吸引する方式。循環式の汚物処理装置が使われている。

特別な設備とバリアフリー
誰にとっても使いやすい車両や駅に

POINT
- 燃えにくい処理を施すことで、温もりが感じられる木材を多用する車両が増えた。
- 近年の新造車にはバリアフリー対策が施されている。

●難燃化処理が施された自然素材を使用

　JRには国鉄時代から団体専用の車両「ジョイフルトレイン」があります。カラオケなどが楽しめるAV機器、子どもが遊べるフリースペース、サロンや宴会ができるコーナー、座敷のある和風スペースなど、さまざまな設備が設けられています。

　火災対策を考え、鉄道車両に木材を使用することは避けられてきたのですが、和風スペースには木材が使われるようになりました。それは**木材の難燃化処理の技術が発達**したことによります。乗客には木の温もりが感じられると好評です。

　また、九州新幹線800系電車は**窓の日除けにサクラの木、座席生地に革、洗面所にイグサのカーテンなど、難燃化処理**が施された自然素材を多用しています。

●バリアフリーは車両にまで影響を及ぼした

　2006年に通称**「交通バリアフリー法」**が施行されました。それまでも高齢者・身障者優先のシルバーシート、優先席はありましたが、交通バリアフリー法により鉄道もバリアフリー化が義務づけられました。駅舎の改築の際にはエスカレーター・エレベーターの新設など、また車両は新造あるいは改造の際には車椅子スペースや身障者対応トイレの設置などが行なわれています。交通バリアフリー法では、**「車両の乗降口とホームの段差をできるだけ平らにする」「乗降口の扉が開閉する際は音声により知らせる設備を設ける」「車椅子スペースを1列車に付き1カ所は設ける」**など、事細かに決められています。

　路面電車には超低床電車が登場し、地方の鉄道やJR東日本のグリーン車にはアテンダントが乗務し、乗客へのサービスを行なっています。

用語解説

シルバーシート
1973(昭和48)年、敬老の日に、国鉄の中央線快速と特別快速に初めてシルバーシートが導入され、その後、国鉄のほかの路線や私鉄で通勤電車を中心に普及した。1990年代からは「優先席」という名称になっている。

交通バリアフリー法
正式名称「高齢者、障害者等の移動等の円滑化の促進に関する法律」。趣旨は公共交通事業者によるバリアフリー化を推進する、市町村が作成する基本構想に基づき、施設・周辺道路・駅前広場などのバリアフリー化を重点的・一体的に推進する、とある。

豆知識

ベビーカーマーク
ベビーカーの安全な利用を促進すべく、2014年に国土交通省がベビーカーマークと呼ぶピクトグラムを定め、車両や駅への掲出が進んでいる。

木が使われている観光列車

長良川鉄道「ながら」

長良川鉄道の観光列車「ながら」は、外装は赤色で座席のテーブルやカウンターには岐阜県産のヒノキやアベマキが使われている。2両編成で、2号車はランチやスイーツが楽しめる食堂車になっている。
(写真提供：長良川鉄道)

西武鉄道「52席の至福」

西武鉄道の旅するレストラン「52席の至福」は4両編成で、車内のインテリアには沿線の伝統工芸品や地産木材を使用。4号車の天井には西川材が使われている。
(写真提供：西武鉄道)

鉄道のバリアフリー対策

鉄道会社では、次のようなさまざまなバリアフリー対策をして、多くの人が利用しやすいよう、工夫しています。

長いつり革

子どもやお年寄りなどもつかめるよう、長いつり革もある。

(写真提供：小田急電鉄)

車椅子スペース・ベビーカーマーク

車椅子に乗ったまま電車が利用できるよう設けられたスペース。近年、ベビーカーの人も使える場合には、マークで表示・案内をしている。(写真提供：東急電鉄)

TRAIN COLUMN

路面電車のトレンド、超低床電車

　路面電車の乗り場はホームが低く、なかにはホームがなくて道路上に安全地帯を設けているところもあります。従来の車両では乗降する際に段差が生じましたが、1980年代以降、欧米では機器の小型化が進んだことで超低床路面電車が開発されました。1997年にドイツ車を元に日本のメーカーが設計・製造した熊本市交通局9700形を皮切りに、日本でも超低床電車が運行を始めました。現在、輸入車・国産車を含め19事業者中17社が導入していますが、車両全体数から見れば、まだまだ少数にとどまっています。

<参考文献>南井健治 著『鉄道車両のデザイン』(学研パブリッシング)／所澤秀樹 著『鉄道の基礎知識』(創元社)

燃えにくい車両、乗客避難路
火災対策

POINT
- 防火性能の高い車両をつくることが大事。
- 万一発火した場合は延焼を防ぐとともに、乗客が安全に避難できるようにする対策が必要。

●過去に発生した事故を教訓とした対策

　黎明期の電車は車体が木造で、火災に弱い構造でした。時代が昭和になるころから**鋼製車体**となり、戦後には木材を用いない**全金属車体**が普及します。しかし、それでも一度火がつくと燃え広がってしまうので、さまざまな対策が講じられてきました。

　まず、装備品や電気配線に使う材質の**不燃化**あるいは**難燃化**があげられます。これは1951年に発生した**桜木町事故**（P.56参照）を契機に、本格的な対策が始まりました。また、1972年には**北陸トンネル火災事故**があり、さらなる対策強化が進みます。重大事故の教訓が、鉄道の安全性向上に役立てられているのです。

●安全に車外へ避難するための工夫

　材質の不燃化や難燃化では、火のつきにくさ、火の広がる速さなどに基準があります。電気配線にもショートを防止する対策が取られ、火災が発生しにくくなりました。それでも、万一火災になった場合は、延焼をいかに食い止めるかが重要です。そのため、**貫通路には防火性の高い扉を設置**するとともに、それが自動で閉まるようになっています。貫通路を覆う幌の材質も、難燃化されています。

　また、火災発生時には乗客が安全に車外に出られなければなりません。扉を手で開けられるようにする**非常コック**があり、そこは目立つ赤色で表示されています。

　地下鉄など長いトンネルを走る場合は、車両の側面から外に出るのが難しいケースもあるので、**先頭車の前面に非常口**が設けられています。

用語解説

非常コック

非常時にドアを手で開けられるようにするコックには、「非常コック」「ドアコック」「非常用ドアコック」といった呼び方がある。

難燃化の対策

北陸新幹線E7系グランクラスの室内
高級感溢れるインテリアも火災対策のため天井、壁面、座席などの材質を難燃化してある。難燃化については技術的な基準もある。

非常口
長いトンネルを走る車両には、非常口の設置が義務付けられている。サイズは幅40cm以上、高さ120cm以上と定められている。

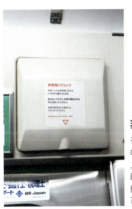

非常コック
各車両の乗降用扉の脇の座席下や扉上部にある。緊急時、車内・車外からドアを開けることが可能になる。

貫通路の扉
火災時の延焼防止策として、設置されている。幌の材質も難燃化されている。

TRAIN COLUMN

北陸トンネル火災事故

　1972年11月、国鉄北陸本線敦賀～南今庄間にある全長約13.9kmの北陸トンネルを走行していた急行「きたぐに」の11号車の食堂車で火災が発生。運転規定に基づき、乗務員は直ちに非常ブレーキをかけ、列車はトンネル内で停止しましたが、延焼とトンネル内への煙の充満により、多数の死傷者を出す惨事となりました。

　この事故の後、車両に使う材料のさらなる難燃化、消火器設置の拡充、貫通扉の窓への金網入りガラスの採用などの対策が進められ、長いトンネル内で火災が発生した場合には、トンネルを出てから停車するよう、ルールも変更されました。

桜木町事故の教訓

63形を改造した73形電車。桜木町事故を教訓に安全性を高めたもので、1980年代まで国鉄で使われた。

　1951年4月24日、現在のJR根岸線桜木町駅付近で、工事中の作業ミスにより架線が垂れ下がったところに電車が進入しました。車両に架線が絡まったためにパンタグラフが破損し、流れた電流により車両の火災が発生しました。先頭車両が全焼、2両目が半焼し、死者106人、重傷者92人という大惨事になりました。これを桜木町事故といいます。

　この事故はさまざまな要因が重なって被害が大きくなったのですが、車両の構造にも問題がありました。事故に遭ったのは、第二次大戦末期から終戦後にかけて大量に製造された、63形電車です。車体側面の窓は30cm程度しか開かない構造で、ドアの非常コックの位置の表示がないため扉も開けられず、貫通路の扉も開き戸で外側から施錠されていました。このような状況で乗客は車外に脱出することが困難となり、多数の焼死者が出たのです。

　桜木町事故を教訓に、窓の開口面積の拡大、非常コックの場所を目立つ表示に変更、貫通路に乗客が開閉できる引戸の設置などが規格で定められ、63形もそれに適合するように改造されて73形電車となりました。

第3章 電車が走るしくみ

電車が走るためには、台車や車輪、動力伝達装置が必要になります。安全に快適に走るために、これまでさまざまな工夫がされてきました。この章では、電車の構造を解説していきます。

車輪の構造

シンプルな構造でメンテナンス性向上

POINT
- 車軸の両側に車輪があるのが、基本的な構成。
- 輪心部分の形状はさまざまな種類がある。
- 車輪の外周の部分も鋼鉄製だが、「タイヤ」という。

●脱線しないために必要なフランジ

　鉄道車両の車輪は**鋼鉄**でできています。左右方向に通った軸を**車軸**、左右の円板状の部分を**車輪**といい、さらに車輪はレールに接する**タイヤ**と、内側の**輪心**に分けられます。タイヤがレールと接する面を**踏面**といい、その内側、外周から突き出した部分を**フランジ**といいます。車軸と車輪を合わせた全体を**輪軸**ということもあります。

　フランジはレールの側面と接し、車両の左右方向の位置を規制する、重要な役割を持ちます。電車がカーブした線路を通るときにきしむ音が聞こえることがありますが、これはフランジとレールの側面が擦れて発生するものです。

●進化した車輪の構造

　車輪は左右のレール幅に合った間隔で車軸に固定されています。走行中に強い力がかかるので、プレスする設備を使って圧入し、ずれないようにしてあります。かつて輪心は放射状の細い部材で構成された、**スポーク**と呼ばれるものが主流でしたが、後にプレートと呼ばれる円板状のものが多くなりました。

　近年は波状の凹凸がある、**波打ち車輪**の形状が普及しています。これは強度が確保されながら軽量という優れものです。

　もともと、タイヤと輪心は別々の部品で、焼きはめで固定されていました。この構造を**組立式車輪**といいます。これに対し、近年主流になっているのは、輪心がタイヤと一体になった**一体式車輪**です。組立式の方が製造は簡単ですが、走行中にタイヤの位置がずれることがあります。一体式はそのようなことがなく、安全性に優れるとともにメンテナンスも容易です。

用語解説

輪心
輪心には、二重構造で内部を空洞にしたボックスと呼ばれるものもあり、丸く大きな穴があるのが外観の特徴。蒸気機関車に使われたほか、電気機関車などにも使用例がある。

スポークとプレート
輪心のうち、自転車の車輪のように放射状の部材でできたものをスポークといい、第二次大戦のころまで主流だった。これに対し、円板状の面になったものをプレートという。強度があって正確な寸法でプレートの輪心を製造するのは高度な技術が必要で、第二次大戦後、本格的に普及した。

CLOSE-UP

組立式車輪
組立式車輪は、タイヤと輪心をまたぐ位置に白いペンキでマークを付けるのが一般的。タイヤがずれたときにひと目でわかるので、点検が容易になる。

車輪の構造

車輪は鉄道車両の走行に欠かせないもので、各部に個別の名称があります。また、駆動やブレーキに必要な部品を組み込んだ車輪もあります。

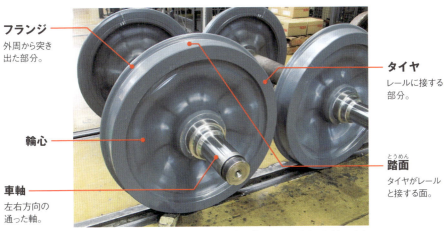

フランジ
外周から突き出た部分。

輪心

車軸
左右方向の通った軸。

タイヤ
レールに接する部分。

踏面
タイヤがレールと接する面。

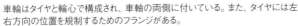

車輪はタイヤと輪心で構成され、車軸の両側に付いている。また、タイヤには左右方向の位置を規制するためのフランジがある。

車軸
車軸は断面が丸い棒状の部品。両側に車輪を圧入して使用し、タイヤが磨耗したら、組立式車輪では新しいタイヤをはめ、一体車輪の場合は新しい車輪と交換する。

電動車用の車輪
電動車の車輪は電動機から回転を伝えるため、歯車が付いている。そのため、電動車と付随車の車輪は共通ではない。

ブレーキディスク付き車輪
ディスクブレーキを使用する車両は、車輪にブレーキディスクを備える。左の写真のように車軸の内側にあるもののほか、外側、あるいは車輪と一体のものがある。

転がるしくみ

レールの上をスムーズに転がる車輪

POINT
- 鉄でできた車輪はゴムタイヤと違い、変形しにくい。
- カーブした線路をスムーズに転がるよう、タイヤの踏面の形状に工夫がある。

●鉄の車輪と鉄のレール

　自動車に使われているゴムタイヤは、道路と接する部分が押し付けられて変形します。これによって強い摩擦力が得られますが、転がる際に抵抗が大きくなるのが弱点です。鉄道車両の車輪はタイヤを含めて**鋼鉄**でできているので、ほとんど**変形しません**。そのため、レールの上を転がる際の抵抗が非常に小さくなります。また、ゴムよりはるかに硬く、走行距離の割に**磨耗が少ない**のも特徴です。

　金属の車輪の表面は平滑なので**摩擦係数**が小さくなりますが、鉄道車両は重量が大きいので、レールに**駆動力**を十分に伝えられます。

●タイヤの踏面にある傾斜が重要

　タイヤの断面は、内側にフランジがあるほか、**踏面に傾斜がある形状**になっています。傾斜は、左右方向の中心側に向かって直径が大きくなるように付いていて、立体として見ると**円錐**のようになっています。これが重要なポイントです。

　カーブした線路では、左右のレールが車輪のフランジより**やや広い間隔**になっています。走行する車両は遠心力でカーブの外側に寄るので、外側の車輪は踏面の直径が大きい部分、内側は直径が小さい部分でレールに接します。車輪1回転で進む距離は外側の方が内側より長くなるので、自然にカーブの方向へと進むのです。

　もし、踏面の傾斜がないと、カーブでスムーズに車輪が転がらなくなるだけでなく、車輪がレールに対し滑りながら進むことになり、**踏面の磨耗が早く進む**問題も生じます。車輪は単に円いだけでなく、このように工夫を凝らした形状になっているのです。

用語解説

摩擦係数

2つの物体が触れたときの摩擦力は、押さえつける力と摩擦係数を掛けた値になる。

豆知識

転がり抵抗

物体が面の上を転がるときの抵抗を「転がり抵抗」という。ゴムタイヤと舗装道路の転がり抵抗は、鉄の車輪とレールとの組み合わせに比べ、10倍から75倍程度ある。

車輪とレール

車輪の構造

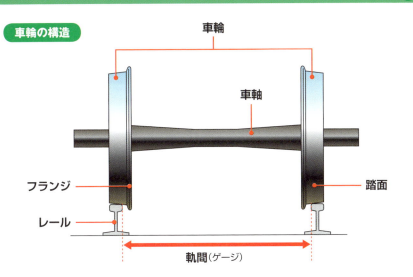

上の図は線路上に車輪がある状態を前方から見たもの。2本のレールが車輪のフランジよりやや広いところにあり、車輪が左右に動く余裕がある。

カーブでの動き

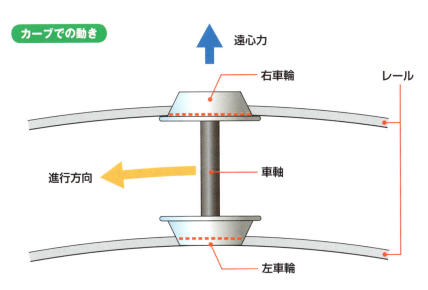

上の図は踏面の傾斜を強調して描いたもの。カーブでは遠心力によって車輪が外側に寄るので、踏面のレールに触れるところは、外側の車輪の方が直径が大きいことになる。

粘着と空転・滑走

車輪とレール、金属同士の接触

POINT
- 鉄車輪と鉄レールの摩擦で、車両は動く。
- 摩擦力が小さく、少ないエネルギーで大量輸送が可能。
- 粘着力の向上はMT比を大きくしても実現できる。

●車両が進むために必要な粘着力

車輪とレールが接して生じる摩擦を、鉄道では粘着と呼びます。車両が進むためにはその粘着が必要になります。**粘着力が力行時の駆動力を下回れば空転、ブレーキをかけたときの制動力を下回れば滑走**を起こしますが、通常は粘着力が上回った状態で車両は安全に走行しています。空転・滑走しないぎりぎりの値を**粘着限界(最大粘着力)**と呼び、列車の最高速度は最大粘着力に左右されます。

一般的に粘着力は乾燥した状態では高く、水分に濡れた状態では低下します。特に高速走行ではそれが顕著になり、蒸気機関車時代は車輪とレールの接触面に砂をまいて摩擦力を高めていました。近年は**増粘着研磨子やセラミックス粒子噴射などで粘着力の向上**を図っています。

海外には機関車牽引列車も多く、重い機関車の性能を高めることで粘着力の向上を図っていますが、動力分散式の電車が主力の日本だけでなく、近年は世界的に電車方式が増えています。

●誘導電動機の投入で経済的な運行が可能に

MT比の大小でも粘着性能は変えられます。カルダン駆動を導入した1950年ごろの日本の鉄道は台車の構造上、電動機を大きくすることができなかったため、**電動車を増やして粘着性能を高めました**。1980年代以降に小型化が可能な誘導電動機が用いられるようになると、エレクトロニクスの向上で**粘着性能が高まり**、MT比を小さくすることが可能になりました。

一方、先頭車には車輪の回転数によって位置や速度の検知を行なう装置が取り付けられ、空転や滑走を防ぐ必要があります。

用語解説

MT比
編成における電動車(M車)と付随車(T車)の比率。M車が多いほど粘着力は高まる。

豆知識

増粘着研磨子
新幹線や在来線列車に広く使われている。車輪踏面に研磨子を付けることで、踏面に微少な突起を数多く形成する。濡れた車輪とレールが接触すると研磨子が水基を破って個体同士の接触面を増大させる。

セラミックス粒子噴射
砂の代わりに粒径約0.3mmのアルミナ粒子を車輪とレールの接触面にまくもの。300km/h以上の高速域では、降雨時の粘着性能を従来の約2倍まで増大させる。

降雨・降雪時の粘着係数

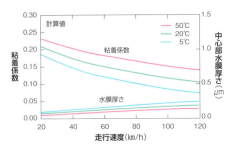
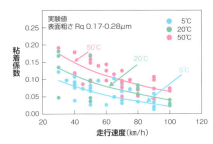

グラフの水膜厚さとは踏面などにたまった水の厚さのこと。降雨・降雪時には車輪とレールの間に水が付着し、粘着係数が低下する。上のグラフは車輪とレールの間に介在する水膜の温度と粘着係数の関係を計算値(左)と実験値(右)で示した。水膜の温度が高くなると粘着係数は高くなり、速度が上がると粘着係数は低くなる。

出展：公益財団法人鉄道総合技術研究所「車両ニュースレター 2013年7月号」より

粘着係数と速度の関係

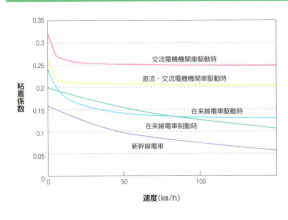

JRグループが実験結果を基に運転性能を算出する「計画粘着係数計算式」から導き出された粘着係数と速度の関係をグラフ化した。電気機関車は1両で何両もの車両を牽引しなければならないため、起動時の粘着係数が高くなるように設計や制御を工夫している。反面、新幹線電車は高速性が求められるため、粘着係数は在来線電車より低い分をMT比を高めることで対処している。

TRAIN COLUMN

応荷重装置で乗客数が変化しても安全に停車

列車の乗車率は、朝・日中・夜、平日・土曜休日、都心のターミナルか郊外の終点駅近くかで大きく変わります。そのため、車両の総重量も増減します。荷重の増減により粘着性能も変わるので、同じブレーキ力をかけてもブレーキの利きにばらつきが発生し、乗り心地や台車・連結器に影響が出ます。それを一定に保つために「応荷重装置」が取り付けられています。車両の総重量を空気ばねの場合は空気圧によって測定し、荷重が変化しても、加速度やブレーキの効きが変わらないようにしています。

車体を支える 台車の構造

POINT
- 車輪を収めた枠状のものを台車という。
- ほとんどの電車には、2軸の車輪を収めた台車が2基ある。
- 台車は、強度と動きの柔軟性が重要。

●車体を支える2基のボギー台車

　一般に台車とは、荷物などを積んで手で押す車のことを指しますが、鉄道車両の場合は**車体を乗せる走行装置**のことをいいます。黎明期の電車には1両に2軸の車輪があり、車体の台枠と、台車が一体になったような構造でした。このような車両を**2軸車**といいます。

　その後、車体が大型化されてくると、2軸の車輪の間隔が長くなり、カーブでの走行に支障が生じました。また、車輪1軸で支える重量が大きくなることも問題になりました。そこで導入されたのが、2軸の車輪を収めた台車を2つ用い、その上に車体を載せた構造です。このような台車は**ボギー台車**と呼ばれています。現在営業用として走っている電車のほとんどは、ボギー台車を使用しています。

●数多くの部品で構成

　ボギー台車はそれ自体が車体に対して首を振るように動くだけでなく、台車に対して車輪が動くような工夫が施され、**線路のカーブや凹凸に追従しやすく**しています。基本となる枠に加え、数多くのリンクやばねなどが組み合わされており、その構造はさまざまです。また、電動車では主電動機も台車の中に収まっているので、同じ系列の電車でも、電動車と付随車で違う種類の台車が使用されているのが一般的です。

　電車に使われた例はほとんどありませんが、3軸の車輪を収めたものもあり、それを**3軸ボギー台車**といいます。かつては展望車や食堂車といった、重量がかさむ客車などで見られました。

豆知識
台車を「履く」

車体は台車の上に載っているが、車体を人間の体に例えると、台車は靴に相当する位置関係にある。そのため、車体に台車を取り付けることを、「台車を履く」ということもある。

CLOSE-UP
ボギー台車と走行音

レールの継目にはすき間があり、そこを車輪が転がるときに音が出る。列車が走る音を「ガタン・ゴトン」という擬音で表現するが、「ガタン」と「ゴトン」はそれぞれボギー台車の2軸の車輪が続けて継目を通って発する音。

台車のしくみ

台車
台車は車体の前方と後方の下にあり、中には車輪が収められている。ほとんどの電車は、1つの台車に車輪が2軸ある。

台車と車体の切り離し
車両の検査の際は車体をクレーンまたはジャッキで持ち上げ、台車を取り外す。上の写真は車体が浮き上がり、台車と離れたところ。

2軸車とボギー車

2軸車

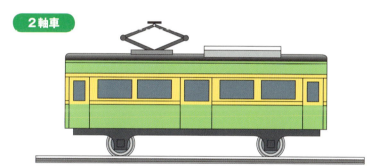

車体の前後に輪軸を1つずつ取り付け、台枠と台車が一体のような車両。

ボギー車

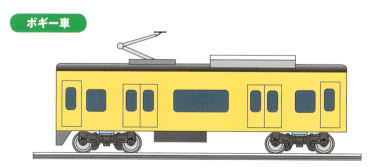

車体に対し、回転するボギー台車を2つ設置。カーブや凹凸でもスムーズに通過できる。

軸受と軸ばね、枕ばね

電車を支え、衝撃や振動を和らげる

- 軸受は、軸をなめらかに正確に回転させる。
- 軸ばねは振動や衝撃を和らげるとともに、車体の高さを維持する。
- 枕ばねは、台車から車体に伝わる振動や衝撃を和らげる。

●輪軸を支持する軸箱と軸ばね

輪軸が台車の骨組みとなる台車枠とつながっていなければ、車体へ推進力やブレーキ力を伝えることができません。台車枠に接続した**軸ばね**と**軸箱支持装置**がありますが、軸箱を輪軸が貫くことで、輪軸と台車枠がつながっています。輪軸が回転した際に車体の荷重などで輪軸と軸箱の間に生じる摩擦を防止するために、輪軸と軸箱の間には**軸受**を挟んでいます。

かつては面と面が接する構造の**平軸受**を用いていましたが、1940年代ごろから球、円筒、円錐状の金属を介して支持する**ころ軸受**が普及しました。平軸受に比べて回転抵抗が小さく、潤滑油が長持ちし、摩耗しにくい特徴があります。軸箱は軸ばねにより台車枠に対して上下方向に動くように支持しています。

●枕ばねは空気ばねが主流に

車体と台車の間で振動や衝撃を和らげ車体を支える**枕ばね**には、車体の荷重の保持、上下動の緩和、振動の減衰、前後動・左右動・回転に対する耐久性が求められます。

かつては板ばねやコイルばねなどが使われましたが、1950年代ごろから袋状になったゴムに圧縮空気を入れる空気ばねが用いられるようになりました。これは伸び縮みだけでなく、横方向にも動く利点があります。空気ばねは、振動や衝撃をやわらげる揺れ枕に変わるものとして使用され、台車の部品数を減らすことにつながりました。台車の中央には**枕梁(ボルスタ)**と呼ばれる、枕木方向に渡した板があり、枕ばねを上下に挟んでいました。1950年代に欧米で枕梁を省略する**ボルスタレス台車**が開発され、1960年代ごろに日本でも採用されました。枕梁がないため、軽量化が進み、構造も簡素です。

用語解説

ころ軸受
ころ軸受にはいろいろな種類があるが、現在主流なのは密封形円錐ころ軸受と呼ばれる構造のもの。シンプルなうえに密封された部分に潤滑油が入っているので、メンテナンスが容易。

豆知識

板ばねとコイルばね
帯状の金属を何枚も重ねて弾力性を持たせたものが板ばね、断面が丸い線状の金属をらせん状に巻いたものがコイルばね。

空気ばね式の車体傾斜システム
曲線を通過する際に振子装置などであらかじめ車体を傾けると、従来より高速で通過できる。しかし、振子装置は高価なため、東海道・山陽新幹線N700系などは、空気ばねの膨らみを制御して車体を傾斜させている。

ボルスタレス台車の代表例

軸受や軸ばねは鉄道車両全体からすると小さな部分ですが、走行するうえで重要な役割を担っています。車両の検査の際も、これらの部位を入念にチェックします。

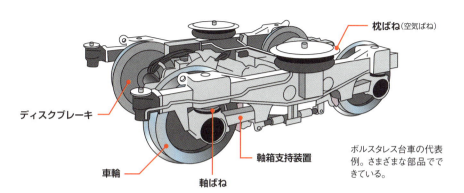

ボルスタレス台車の代表例。さまざまな部品でできている。

動台車

東武鉄道30000系電車に使用されている動台車。ボルスタレス台車である。軸箱支持には10000系・20000系までのSUミンデン式に代わりモノリンク式が採用された。牽引装置はZリンク式。

密封形円錐ころ軸受の構造

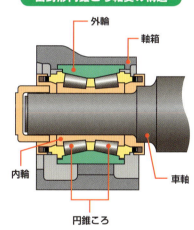

現在の代表的な軸受の1つ、密封形円錐ころ軸受の構造。内輪と外輪の間に円錐形のころがあり、小さな転がり抵抗で荷重を支持する。

TRAIN COLUMN

ボルスタレス台車のメリットとデメリット

軽量化が図られ、高速化に適しているボルスタレス台車は、通勤型電車のみならず新幹線にも普及しています。一方で京浜急行電鉄や京阪電気鉄道、阪急電鉄はボルスタレス化に消極的な事業者です。ボルスタレス台車は急曲線の介在する路線では使用に適さないこと、輪重に不均衡があると乗り上がり脱線を起こしやすいなどの問題があるからです。

軽量化、コスト低減、安全性向上
ボルスタレス台車と操舵台車

POINT
- 近年の台車はボルスタレスが主流になっている。
- レールに合わせて車輪の向きを変えるテクノロジーが一部の電車に採用されている。

●軽量化とコスト低減を実現した台車

　空気ばねによる枕ばねと、枕梁を組み合わせることで台車の構造がシンプルになりましたが、その後、さらに進化した構造が普及しました。それが前述した**ボルスタレス台車**で、枕梁が省略され、**空気ばねが車体と台車に直接つながったもの**です。

　部品点数が減って軽量化されたボルスタレス台車は、製造やメンテナンスのコストの面でも有利です。この構造は1980年代末ごろから普及が始まり、近年は主流になっています。

●車輪とレールの向きを合わせる技術

　台車に組み込まれた2つの車輪は平行に位置しているので、カーブした線路ではレールと向きが一致しなくなります。この角度の差を**アタック角**といい、もしこれをゼロにできると、スムーズな走行につながります。そこで、台車に対する車輪の向きを自動的に変えられるようにしたものが、**操舵台車**です。

　現在日本では、2種類の操舵台車が実用化されています。

　1つはJR東海383系電車に備えられているもので、最初は前軸と後軸の軸箱前後支持剛性（部品や装置を支える部材の、外力による変形への抵抗）を異なるものにしていましたが、量産車では車両端側の輪軸の支持剛性を柔らかく設定して固定することで、保守性が向上した自己操舵台車になりました。それによって**走行中に車輪にかかる力により、レールとの角度の差を小さくしています**。

　もう1つは車体と台車の角度の変化に連動するリンクを設け、それで軸箱の位置を調節するものです。この方式は、東京メトロ1000系電車に採用されています。

用語解説

剛性
曲げやねじりの力に対する変形のしづらさの度合い。変形が小さいときは剛性が大きい（高い）という。

アタック角
レールの曲線の中心に向かう線に対する車軸の角度をアタック角という。車輪とレールの向きが一致しているときは、アタック角は0度。

CLOSE-UP

東京メトロの台車
東京メトロ1000系電車の操舵台車には、各台車の車体中心寄りの車輪の角度を調節する機能がある。また、JR北海道のキハ283系ディーゼルカーも操舵台車で、こちらは両方の車輪の角度を調節する。

ボルスタ台車とボルスタレス台車

左は従来からの枕梁がある台車で、ボルスタ台車といいます。右はボルスタレス台車で、枕梁がなく、台車枠が枕ばねを介して車体につながっています。

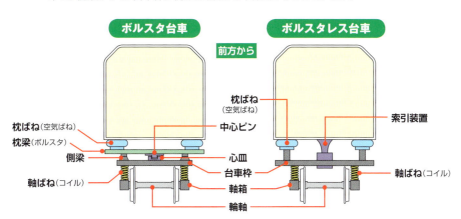

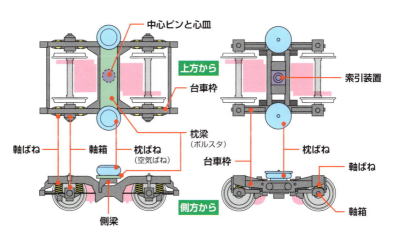

ボルスタ台車の場合は枕梁と台車枠が中心ピンを介してつながっている。ボルスタレス台車では中心ピンに相当するものを牽引装置と呼び、これを介して車体と台車枠がつながっている。

東京メトロ1000系電車の操舵台車

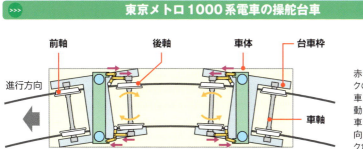

赤色の矢印で示したリンクの動きにより、台車の車体に対する角度の変動に合わせ、各台車の車体中央寄りの車輪の向きが調節され、アタック角が小さくなる。

歯車を使って回転を伝える
動力伝達装置

POINT
- 主電動機から歯車を介して車輪を駆動する。
- かつてはシンプルな構造の吊掛式が主流だった。
- 台車で主電動機を支持する方式が主流になっている。

●独特な音を発する吊掛駆動式

電車は主電動機を動力に使っていますが、直接車輪を回すのではなく、**歯車を使って減速しながら回転を伝えます**。もともと主流だったのは**吊掛駆動式**で、主電動機が車軸に抱きつくような構造です。シンプルで耐久性にも優れていますが、主電動機の重量がかかる車輪の上下動がスムーズでなくなるため、乗り心地の向上に不利なほか、振動や騒音が大きくなります。

近年は吊掛駆動式を採用した電車が少なくなりましたが、発する独特な音に懐かしさを感じる人も多くいます。

●台車が主電動機を支持する方式

1950年代半ばごろから、**主電動機を台車で支持する方式**が多くなっています。吊掛駆動式の弱点が解消されますが、走行中に車輪と主電動機の相対的な位置が変動します。それに対応するためのメカニズムとして開発されたのが、駆動軸をレール方向と並行になるよう配置した**直角カルダン式**です。次いで主電動機の軸に歯車継手を付けた**WN駆動方式**が標準軌の鉄道で採用されました。よりシンプルですが大きなスペースが必要なので、後に主電動機が小型化されると狭軌の鉄道での採用例が多くなります。1953年には京阪電鉄1800系がWN駆動方式と合わせて、主電動機を輪軸と並行に配置して台車枠で支持する**中空軸平行カルダン式**を採用し、国鉄でも1957年以降モハ90系(101系)電車を皮切りに採用されます。

現在はたわみ板継手を2個組み合わせた**TD平行カルダン駆動式**が主流で、通勤型電車を始め新幹線車両にも使用されています。また、スペースに制約が多い超低床路面電車には**車体装架カルダン駆動式**が採用されています。

用語解説

主電動機
電気で回るモーター。主電動機は電車を動かすためのモーターという意味で、電車で車輪の駆動に使うものを指す。

CLOSE-UP

減速
主電動機の回転は速いので、歯車を使って減速したうえで車輪を駆動するのが一般的。主電動機の軸には小さい歯車、車輪には大きい歯車が付けられており、両者の歯の数の比率を歯数比という。大きい歯数比にするとより減速され、高速運転には不利になるが、駆動力や加速力が優れたものになる。歯数比は、特急用など高速で走る電車では小さく、頻繁に発進と停止を繰り返す通勤電車では大きくするのが一般的。

動力伝達装置の構造

吊掛駆動式

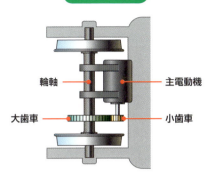

主電動機が車軸に支持される。車軸にかかる重量が大きく、騒音や振動も大きくなるが、構造がシンプルで耐久性にも優れる。

直角カルダン式

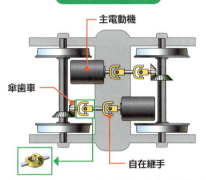

主電動機をレールの方向に位置して台車で支持し、自在継手と傘歯車を介して車軸を駆動する。大型の主電動機を搭載できるが、構造が複雑。

WN継手式

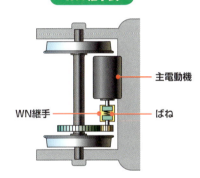

主電動機を台車で支持し、WN継手を介して歯車の軸に接続している。主電動機の小型化により、狭軌の路線でも導入可能になった。

中空軸平行カルダン式

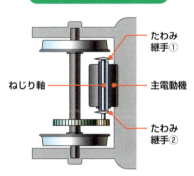

主電動機を台車で支持する。中空にした主電動機の軸の中に駆動軸がある。狭軌路線を走る電車向けに開発された方式。

TD平行カルダン式

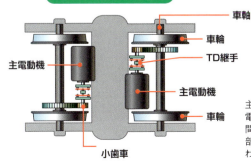

主電動機を車軸と平行に台車枠に固定し、主電動機の電機子軸と輪軸の歯車駆動軸との間のTD継手を介して接続する。TD継手の内部では、2枚の円盤状の「たわみ板」を組み合わせて、長さと角度のずれを吸収している。

摩擦の力を使ったブレーキ
基礎ブレーキ装置

- ブレーキのシステムのうち、摩擦力で車輪の回転を減速させる部分を基礎ブレーキ装置という。
- 大きく分けて踏面ブレーキとディスクブレーキがある。

●主流なのは踏面ブレーキ

　鉄道車両のブレーキのうち、摩擦で減速させるものを**基礎ブレーキ装置**といい、過去も現在も、**踏面ブレーキ**が最も普及しています。これは**制輪子**と呼ばれる摩擦材をタイヤの踏面に押し付けて、その摩擦で車輪の回転を止めるものです。こすれ合う面は磨耗しますが、制輪子の方に柔らかい材質を用いているので、車輪の踏面はすぐには減りません。その代わり、減りが早い制輪子は定期的な交換が必要です。また、1つの車輪に対して制輪子が1つのものと2つのものがあります。制輪子が2つのものは、車輪を両側から抱き込むようにして止めます。

●バリエーションがあるディスクブレーキ

　車輪を直接こするのでなく、車輪と同軸で回転する円板状のブレーキディスクを設け、それに**ブレーキライニング**と呼ばれる摩擦材を押し付けて止めるしくみのブレーキを**ディスクブレーキ**といいます。このブレーキは、1950年代末ごろから一部の車両に使われています。車輪が熱を持たず、踏面が磨耗しないのが長所です。

　ブレーキディスクは左右の車輪の間の車軸に2枚取り付けられたものが多くありますが、1枚のものもあります。どちらの場合も、**装着するのは付随台車**に限られます。ただ、新幹線などには、車輪の輪心の表面にブレーキディスクを貼り付けた構造のものがあり、この場合は主電動機のある台車でも装着可能です。

　また、車軸を台車より外側まで伸ばし、そこにブレーキディスクを備えたものもあります。この構造も、主電動機のある台車に用いることができます。

豆知識

ブレーキによる熱

連続して踏面ブレーキを使うと摩擦熱でタイヤが膨張し、輪心に対し緩くなって位置がずれることもあるが、一体式車輪ではその心配がない。

基礎ブレーキ装置以外のブレーキ

摩擦力で車輪の回転を止める基礎ブレーキのほか、電気や磁気を活用したブレーキもある。

CLOSE-UP

空気を使う基礎ブレーキ装置

踏面ブレーキの制輪子も、ディスクブレーキのブレーキライニングも、圧縮空気を使って押し付ける。そのため、基礎ブレーキ装置は空気のシステムと密接な関係にある。

ブレーキの構造

踏面ブレーキ
踏面ブレーキは、制輪子が各車輪に1個のものと2個のものがある。上の写真は後者の例で、台車外側の制輪子が見える。

踏面ブレーキの点検と調整
車両の定期検査の際は制輪子と車輪の位置関係をチェックし、適正な位置に調整する。また磨耗が進んだ制輪子は新品に交換する。

ブレーキディスク
新幹線以外の車両のディスクブレーキは、車輪より内側にブレーキディスクを備えたものが多い。また、構造は自動車のディスクブレーキに近い。
（写真提供：小田急電鉄）

新幹線のディスクブレーキ

てこ式押し付け装置

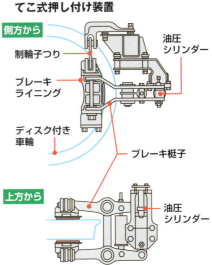

側方から／制輪子つり／ブレーキライニング／ディスク付き車輪／油圧シリンダー／ブレーキ梃子

上方から／油圧シリンダー

油圧式ブレーキキャリパー（浮動型）

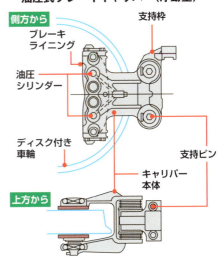

側方から／ブレーキライニング／油圧シリンダー／ディスク付き車輪／支持枠／支持ピン／キャリパー本体

上方から

新幹線は車輪の表面にブレーキディスクを貼り付けた構造を採用している。上はてこ式押し付け装置と呼ばれるもので、初期の0系、100系、200系に使用された。てこを介してブレーキライニングをブレーキディスクに押し付ける。「のぞみ」の初代車両となった300系と、それ以降のものはボルスタレス台車と合わせ、下の浮動型と呼ばれる方式を採用している。こちらは油圧シリンダーで直接ブレーキライニングを押し付ける。

column

振子式車両

　鉄道車両は、真っすぐな線路では比較的容易に高速で走ることができますが、カーブでは外側に向かって生じる遠心力が速度向上の妨げになります。この問題を解決するために開発されたのが、振子式車両です。

　振子式車両の構造を簡単にいうと、車体の底に置いたころで車体を支えたものです。さらに車体の重心を低くしているので、カーブを走行した際には車体の下の方が遠心力で外側に寄ります。そのとき車体は内側に傾いているので、より高速で走行できるようになるのです。日本初の営業運転用振子式車両となったのは、1973年に登場した国鉄381系電車でした。

　遠心力によって車体を内側に傾けるものを自然振子式といいますが、あらかじめ走行する線路の形状の情報をインプットしておき、その情報を使って車体を傾ける機構を設けた制御付き振子式という方式も開発されています。この方式は、JR東海の383系電車などが採用しています。また、近年の新幹線車両などは、空気ばね内部の空気の圧力を調整して車体をわずかに傾ける、車体傾斜装置を備えています。

振子式のしくみ

●普通車両

●振子式車両

普通車両では重力と遠心力がかかるが、振子式の場合、遠心力が相殺される。

第4章 電車を動かすしくみ

電車を動かすためには電動機が必要です。
また、走行速度を制御するための制御器も大切なしくみの1つです。
この章では、電車を動かすためには
どのようなしくみが用いられているのかを解説します。

それぞれにメリットとデメリットがある
直流と交流

POINT
- 発電所でつくられる電気は交流である。
- かつて電車の主電動機は、直流電動機が主流だった。
- 交流だと変圧器で自由に電圧を調整できる。

●主流になっている直流電化

　電動機（モーター）にはいろいろな種類がありますが、長い間、電車の主電動機には**直流電動機**が使われてきました。電気には直流と交流がありますが、直流電動機を使うのであれば、架線を通して電車に供給する電気も直流にするのが、ごく自然な流れです。日本の場合、第二次大戦後になるまで鉄道の電気方式はすべて直流でした。現在の直流電化路線のうち、JR在来線や大部分の私鉄は**架線電圧が1500V**ですが、地下鉄や路面電車には**600Vや750V**のものもあります。なお、発電所でつくられる電気は交流なので、変電所で電圧を下げるとともに**直流に改めてから架線に流します**。

●交流と直流それぞれにあるメリット

　電気が変電所から電車に届くまで、送電線や架線には電気抵抗があるため、電圧が降下します。エネルギーのロスになるので、なるべく**降下を小さくする**必要があります。同じ電力を伝える際、低い電圧で電流を大きくするより、**高い電圧で電流を小さくした方が、電圧降下を小さくできます**。

　そうなると架線に送る電圧を高くすればいいのですが、そのためには**主電動機で使える電圧に下げる装置**を、電車に搭載しなければいけません。その装置を搭載したとしても、そもそも直流の電気は電圧の調整が困難なので、あまり高い電圧を架線にかけられず、日本では1500Vまで、世界的にも3000Vまでにとどまっています。これに対し交流の電気は自由に電圧を調整できるため、**高い電圧の交流電化**で有利です。日本では1950年代後半から交流電化が進められ、現在は新幹線が交流2万5000V、在来線の一部が交流2万Vで電化されています。

用語解説

交流

電気のプラスとマイナスの極性が一定の電気を直流というのに対し、交流はプラスとマイナスが短い間隔で反転を繰り返す。反転が1秒間に起こる回数を周波数といい、その単位はHz（ヘルツ）。商業用電流の場合、東日本は50Hz、西日本は60Hzと、日本国内に2種類の周波数がある。

豆知識

交流電化

交流で電化した場合、パンタグラフを介して取り込んだ電気を整流器で直流に改め、走行用の電源にする。

CLOSE-UP

電圧降下

電気抵抗が同じ電線に同じ電力を流す場合、電圧の高さと電圧降下は反比例する。例えば電圧を10倍にすると電流は10分の1で済むため電圧降下は10分の1になり、降下率では100分の1になる。

直流と交流の違い

下の図は直流と交流の違いを、電球を点灯させる回路で示したものです。

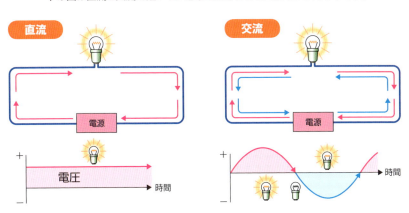

直流は、電気は常に同じ電圧でプラス側からマイナス側へ、一定の方向に一定の大きさで流れる。交流は、電圧のプラスとマイナスが周期的に入れ替わり、時間によって電流の向きと大きさが変わる。

日本と海外における直流電圧降下

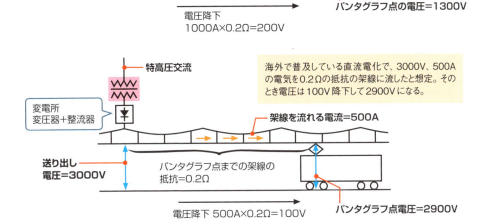

かつては多くの電車に採用されていた
直流電動機式電車と速度制御

- ●直流直巻電動機は低回転時に高トルクが得られ、負荷が少なくなると高速で回転する。
- ●速度制御は抵抗制御、直並列制御、チョッパ制御と界磁制御。

●扱いやすい電動機がかつての主流

　車両の走行速度を制御することを**速度制御**と呼びます。直流電動機を搭載した電車の速度制御を行なうには、**直流電動機に供給する電圧を変化させる方法**が基本になります。電車の発進時には低い電圧を供給し、速度を上げるために徐々に電圧を上げていきます。直流電動機の速度制御の方法には、いくつかの種類があります。架線を流れる電力の種類が直流の場合、まず挙げられるのは**抵抗制御**です。直流電動機に直列に接続された主抵抗器の抵抗値を速度の増加とともに小さな値に変化させて速度制御を行ないます。

　電動機の数が2、4、6個などの偶数個の場合は、低速時には直列につないで電圧を半分にし、高速時には並列につないで全電圧をかける**直並列制御**を併用する方法があります。

　ほかにも半導体のスイッチング素子を使い、高速で電力の入力と遮断を繰り返すことによって所定の電圧を得るという原理を用いた**チョッパ制御**もあります（P.82参照）。直流電動機の界磁電流をコントロールする**界磁制御**も古くから用いられ、これをチョッパで行なう界磁チョッパ制御も登場しました。界磁とは、電動機や発電機などで磁場をつくる電磁石です。

●直流電動機の短所

　直流電動機は高価なうえ、出力の割には大きく、重く、さらには固定子側と回転子側との間の電流の授受を行なうために消耗品のブラシという導体を置かなければならず、メンテナンスに手間を要します。こうした欠点を持つために比較的安価で、小形、軽量、メンテナンスの手間もあまり必要のない**交流電動機**が今日の主流になりました。

CLOSE-UP

チョッパ制御の種類

電機子チョッパ制御とは、所定の電圧を出力する装置を直流電動機の電機子に接続して電圧を制御する方式を指す。所定の電流を出力する装置を用いて直流電動機の界磁電流を変化させて速度制御を行なう方式を界磁チョッパ制御という。

速度制御の種類

抵抗制御

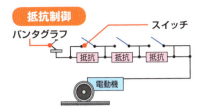

電動機の回路に複数の抵抗器とスイッチがあり、スイッチを入れる箇所や数で電圧を制御する。スイッチがすべてONのとき、電圧が最大になり、すべてOFFのとき、抵抗値が最大になる。電力のロスが大きい。

チョッパ制御

半導体素子を用い、スイッチのON・OFFの間隔を変えることで電圧を変える。1秒間に数百回という高速で行なわれ、ONの時間が長ければ平均電圧が上がり、OFFの時間が長ければ下がる。

直並列制御

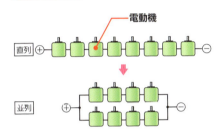

起動時は電動機を直列つなぎにし、速度が上がると並列つなぎになる。並列つなぎの場合は電動機の回転数が速くなる。

界磁添加励磁制御

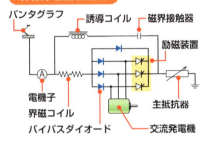

直流界磁に分流回路を設けて、補助電源による励磁装置から直巻界磁に電流を添加して界磁の連続制御を行なう。

電車の制御

パンタグラフから取り込んだ電気は赤色の線の回路を通って主電動機に流れ、その間に主制御器と主抵抗器で制御される。青色の線は制御の回路。

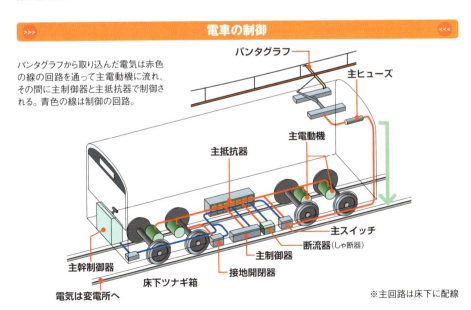

※主回路は床下に配線

各種の制御器

制御装置の作動方式とその働き

POINT
- 制御装置の作動方法には直接制御方式と間接制御方式がある。
- 抵抗制御では一般的に組合せ制御、自動進段、弱め界磁制御が採用されている。

●制御装置をどのように動かすか

速度制御には制御装置が使われています。制御装置を作動させる方式には、**直接制御方式**と**間接制御方式**の2種類があります。

直接制御方式では、制御装置を手動で操作して直接主回路の接続を切り換えます。

間接制御方式では、**主幹制御器**などを介して制御回路に指令を行ない、間接的に主回路を制御します。直接制御方式は路面電車のように1両だけで運転する車両に用いられましたが、複数の電車を1人の運転士が制御するには、間接制御方式が用いられます。

●さまざまな制御方式

前項で取り上げた抵抗制御を行なうには、1両の電車に搭載された2基、4基または8基の直流電動機群の配線を変える**組合せ制御**または**直並列制御**が一般的です。具体的には、発進の際には直流電動機群を直列につなぎ、速度が上がったら並列につなぎ替えます。

速度制御を行なう場合、かつては抵抗値や主電動機の回路のつなぎ替えを手動で行なっていました（手動進段）。その後、直流電動機に流れる電流が設定値以下になると自動的に回路のつなぎ替えが行なわれる（自動進段）**限流値制御**が登場し、現存する抵抗制御の電車はこの自動進段が大多数を占めます。

直流電動機の回転数が増すと、電動機の電流が低下して、これ以上速度が上がりにくい状態になります。そこで、界磁の電流を弱めて直流電動機の回転数を増す方法が考えられました。このような制御方法を**弱め界磁制御**と呼んでいます。

用語解説

主幹制御器
運転士が操作して力行、ブレーキ、速度、運転方向などを指令する制御機器。マスコンとも呼ばれる。

CLOSE-UP

制御装置の位置
直接制御方式では力行のために運転士が操作するハンドルの真下に制御装置が置かれている。一方、間接制御方式では電車の床下への設置が一般的。

直流電動機を直並列につなぐ
電気機関車の中には1両に6基の直流電動機を搭載したものがある。その場合、1個の回路に6基置いたつなぎ方は直列、2個の回路に3基ずつ置いたつなぎ方は直並列、3個の回路に2基ずつ置いたつなぎ方は並列と呼ぶ。

制御器の内部

定期検査で分解整備中の主制御器。中にカムがたくさん付いた長い軸が1本あり、これをカム軸という。カムとは回転する軸に固定された、外周と軸の間の長さが一定でない（卵のような形が一般的）板状のもので、走行の制御の際にはカム軸が回り、カムの外周で別の部品を押して動かす。

TRAIN COLUMM

熱を発する抵抗器

抵抗制御に使う抵抗は複数のものから成り立ち、全体をまとめて主抵抗器といいます。個別の抵抗は、文字通り電気抵抗を大きくしたもので金属製です。これに電気を流すと抵抗により熱を発します。つまり、原理は電熱器と同じです。

抵抗器は床下に搭載するのが一般的で、熱がこもらないよう、風通しのいい構造にしてあります。発熱量が多い場合は、ファンで主抵抗器に風を送って冷やす方式を採用し、これを強制通風冷却式といいます。

また、別項で紹介する発電ブレーキを使用する際に、発生した電気を消費する役割を持つのも主抵抗器です。箱根登山鉄道の電車のように、発電ブレーキ使用時の発熱量が大きい場合に対応して、主抵抗器を放熱に有利な屋根上に搭載した例もあります。

国鉄で運行されていた戦前製の電車の主抵抗器。床下に箱状のものが並び、中に鋳物の抵抗がある。外気によって冷やすもので、自然通風式という。

第4章 電車を動かすしくみ

半導体で電流をこま切れにする
チョッパ制御

POINT
- 非常に短い周期でオン・オフを繰り返し、電圧や電流を調節して主電動機に流す。
- 制御にはサイリスタなどの半導体を使う。

● 1970年代から普及した新技術

　抵抗制御では主電動機に流れる電流を調節するのに対し、半導体を用いて電流のオンとオフを繰り返すのが**チョッパ制御**です。一定時間内のオンの比率を増減させることで、**主電動機にかかる平均電圧を変化させて速度を調節**することができます。

　制御には**サイリスタ**や**IGBT**などの半導体スイッチング素子を使い、オン・オフの周期は1秒間に数百回という速さで行なわれます。その中でオンとオフの時間の比率を変えています。この素子は無接点のため、摩耗による故障がありません。また、チョッパ制御において主電動機を発電機として作動させると、**電力回生ブレーキ**（P.108参照）が有効に機能します。

　このようにメリットの多いチョッパ制御は、1971年に営団地下鉄（現・東京メトロ）の6000系電車で初めて実用化され、その後地下鉄を中心に広く普及しています。

● 電機子チョッパと界磁チョッパ

　営団地下鉄6000系のチョッパ制御を、**電機子チョッパ**と呼びます。主電動機全体にかかる電圧をチョッパ制御するものですが、高価で大型でした。

　1969年には東急電鉄8000系が**界磁チョッパ**という方式を最初に採用しますが、こちらは主電動機を**複巻電動機**とし、界磁の一部をサイリスタチョッパで、残りの界磁と電機子を抵抗で制御します。

　このようにチョッパ制御には2つの種類がありますが、**電機子チョッパは制御装置に機械的な接点が少なく、メンテナンスが容易**です。製造コストは界磁チョッパの方が有利で、国鉄以外の多くの鉄道で多く採用されました。

用語解説

チョッパ

「チョッパ」は英語で「Chopper」と綴り、「切り刻むもの」という意味。電圧をこま切れにすることから、こう呼ぶ。

CLOSE-UP

複巻電動機

直巻電動機は電機子と界磁が直列の回路になるのに対し、界磁を電機子と直列の直巻界磁と、並列につながる分巻界磁に分けた構造が複巻電動機。界磁チョッパ制御では電機子と直巻界磁を抵抗で、分巻界磁をサイリスタチョッパで制御する。

電機子チョッパと界磁チョッパ

チョッパ制御には電機子チョッパと界磁チョッパの2種類があります。現在は界磁チョッパの方が多く残っています。

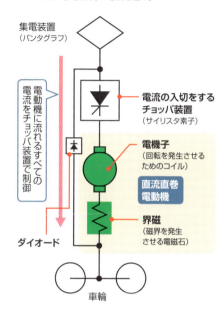

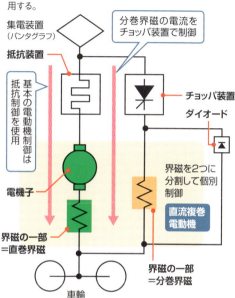

西武鉄道2000系電車の床下にある界磁チョッパ装置。この箱の中にある半導体装置により、電圧をこま切れにする。

今日の電車の電動機の主流
交流電動機式電車

- ●交流電動機には誘導電動機と同期電動機がある。
- ●誘導電動機が主流だが、永久磁石同期電動機の導入も進められている。

●小型軽量で高出力が得られる誘導電動機

今日の電車に搭載されている電動機の主流は、**三相交流電流**によって作動して、動輪を駆動する**交流電動機**です。電車用としては**誘導電動機**、**同期電動機**の2種類があります。

誘導電動機は、巻線構造を持った固定子に交流電圧を加えて回転磁界をつくり、電磁誘導によって誘導電流を流し、磁界との作用で回転力（トルク）を発生させます。

直流電動機に比べて小型軽量で高い出力を得やすく、さらには直流電動機に欠かせない整流子やブラシがないので、**保守の手間も大幅に軽減**されました。

今日製造される電車はすべて交流電動機を搭載し、その大多数が誘導電動機です。

●より効率的な同期電動機

同期電動機とは、電動機に供給される電源の周波数と電動機の回転速度が厳密に一定の比となる交流電動機のことです。電車に使われているのは回転子に配置された永久磁石によって磁束を発生させる**永久磁石同期電動機**が一般的です。

永久磁石同期電動機は、誘導電動機に比べて回転の際に電磁誘導を用いないために効率が高くなります。加えて、回転子と固定子との間のすき間も誘導電動機の0.5mm程度よりも大きくすることができ、インバータの設備容量を有効に活用することが可能です。

一方、1基のVVVFインバータ制御装置（P.86参照）で複数の電動機を制御可能な誘導電動機と異なり、同期電動機の場合は1基しか制御できないので、制御装置の数が増えて経済面でも質量面でも不利となってしまいます。

用語解説

回転磁界
三相交流電流によって発生する磁界により、回転子を回転させる力が発生する。この磁界を回転磁界という。

電磁誘導
ある電気回路に外から変化する磁力をかけると電流が発生し、この現象を電磁誘導、発生する電流のことを誘導電流という。

整流子
直流電動機の回転子の一部。ブラシと接触して回転子と固定子との間で電流のつなぎを替える役割をする。

ブラシ
整流子の表面に置かれ、固定子と回転子との間の電流の受け渡しを行なう導体。

CLOSE-UP

電動機の効率
入力された電力に対する機械的な出力の比を百分率で表したもの。誘導電動機は94％程度であるのに対し、永久磁石同期電動機は97％前後に達する。

三相誘導電動機

鉄道車両には、三相誘導電動機という交流電動機が用いられています。
固定子には三相交流が流れ、回転子には電磁誘導で電流が流れ、磁界が発生します。

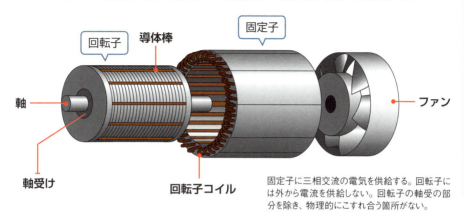

固定子に三相交流の電気を供給する。回転子には外から電流を供給しない。回転子の軸受の部分を除き、物理的にこすれ合う箇所がない。

回転子が回転するしくみ

三相誘導電動機は、電磁石を利用しています。磁石の役割を果たす固定子と円盤の役割を果たす回転子からなり、保守が容易で故障も少ない特徴があります。

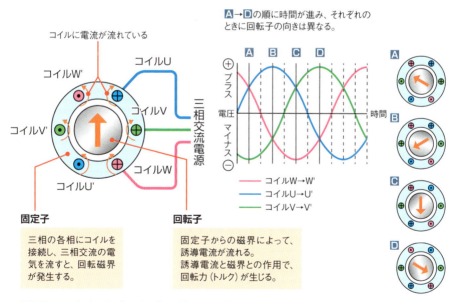

固定子
三相の各相にコイルを接続し、三相交流の電気を流すと、回転磁界が発生する。

回転子
固定子からの磁界によって、誘導電流が流れる。誘導電流と磁界との作用で、回転力（トルク）が生じる。

回転子にはUとU'、VとV'、WとW'の3対のコイルがあり、それぞれに三相交流の120度ずつ位相が異なる電流を流す。そして、流す電流の電圧と周波数を調節することで、回転子の回転速度と回転力（トルク）を変化させることができる。

交流電動機の速度制御

電圧と周波数を自在に調節

POINT
- 電圧だけでなく、周波数も調節する必要がある。
- 半導体の技術開発により、交流電動機が鉄道車両の主電動機として使えるようになった。

●困難だった周波数の制御

　電車の主電動機は走り始めるときには大きなトルクが必要で、一方で高速走行も求められるため広い範囲で回転速度を制御しなければなりません。ところが三相誘導電動機は、始動時のトルクが小さく、**電源の周波数が一定の時は回転速度を変えにくい**という、正反対の特性があります。そのためこの電動機を電車に使うには、電圧とともに**周波数を自在に変化させられる制御装置が必要**です。しかし、半導体の技術開発が進歩するまでは、そのような装置はありませんでした。

●開発された画期的なインバータ

　直流電動機に比べ、小型化・軽量化に有利でメンテナンスも容易な三相誘導電動機を採用するメリットはきわめて大きく、電機メーカーの技術者たちは制御装置の技術開発に取り組みました。そして、電圧と周波数を自在に変化させる制御装置、**VVVFインバータ**を実用化しました。VVVFは「**Variable Voltage Variable Frequency**」(**可変電圧可変周波数**)の略で、インバータは直流を交流に変換する装置を意味します。

　VVVFインバータと三相誘導電動機を鉄道車両で使用する技術の開発は日本が世界をリードして1970年代から本格化し、1980年代に実用化が始まりました。VVVFインバータという名称も和製英語ですが、今では世界中で通用します。三相誘導電動機を使用して営業運転を開始した最初の電車は熊本市交通局の8200形で、1982年に登場しました。1990年代以降は各鉄道会社でこれが主流となっています。

　すでに四半世紀にわたって普及している技術で、構造や制御素子の種類などの改良も続いています。

用語解説

インバータ

インバータは英語で「Inverter」とつづり、「逆に変換するもの」という意味。電気関係の用語では、交流を直流に変換する整流が電気鉄道や電気化学の分野で昔から広く使われてきたので、この逆の変換という意味。

VVVFインバータ

直流を交流に変換する装置をインバータといいます。電車の床下に付いています。

西武鉄道6000系電車の床下にあるVVVFインバータ装置。文字で装置名が示されているので、普段電車を利用する際にも、容易に見つけることができる。

VVVFインバータ制御の電車、東急電鉄7700系。これは1960年代に抵抗制御で製造された7000系の機器類を、1980～90年代に換装した更新改造車。

抵抗制御方式とVVVFインバータ制御方式

抵抗制御方式の車両の場合

電気の流れ

抵抗器

熱

スピードを上げたり下げたりする際、抵抗器の一部が熱くなって外に放熱される（熱エネルギーを放出する）。

VVVFインバータ制御方式の車両の場合

電気の流れ

VVVFインバータ制御装置

抵抗器が必要ないので、外に放熱する熱エネルギーが少ないため、電気を効率よく使える。

オン・オフの切り替えで電圧と周波数を制御
VVVFインバータ

POINT
- 直流の電源を交流に変換する。
- 半導体の技術開発により実用化された。
- 普及してから、いまなお改良が続いている。

●オン・オフを繰り返すスイッチの集合体

　VVVFインバータ（**主制御器**）は、直流の電源と連動する6個のスイッチを接続したものです。各スイッチは一般的な交流の周波数よりも速くオン・オフを繰り返し、これを順序立てて操作することで、**交流と同様に極性を交互に反転した電流をつくります**。さらに、一定時間中のオンの比率を調節することで平均電圧を、オン・オフの間隔を調節することで出力する周波数を変えることができます。

　これにより、三相誘導電動機に供給する電圧と周波数を自在に制御する、**交流電源装置**が成り立つのです。

●変遷してきた半導体素子

　前述しましたが、日本で最初にVVVFインバータを搭載して営業運転を開始した電車は**熊本市交通局8200形**で、電気を高速でオン・オフさせるスイッチには**サイリスタ**が使用されました。架線電圧が直流600Vの路面電車ですが、もっと高出力な電車や架線電圧が高い場合には、サイリスタではオン・オフの間隔を短くするのに限界があるという問題がありました。

　そのため、架線電圧が1500Vの鉄道路線を走る電車のVVVFインバータでは、**GTOサイリスタ**という素子をスイッチに用いるのが主流になりました。これによって1980年代後半ごろからVVVFインバータ制御の普及が一気に進みましたが、滑らかな交流をつくりづらいという問題点がありました。そこで1990年代後半ごろからは、制御性能がより優れた**IGBT**が導入され、現在ではこれが主流です。

　また、VVVFインバータ制御は電車だけでなく、客車や貨車を牽引する電気機関車にも普及しています。

用語解説

GTOサイリスタ
GTOは「Gate Turn Off」の略。一般のサイリスタは逆電圧をかけないとオフにできないが、GTOサイリスタはオン・オフを自在に行なうことができる。1秒間に600回程度までの速さで電流をオン・オフすることができる。

IGBT
「Insulated Gate Bipolar Transistor」の略で、トランジスタの一種。これを使用すると電流をオン・オフできる速さが、1秒間に1000回以上まで向上する。

VVVFインバータ制御のしくみ

連動した2つのスイッチで、プラス側とマイナス側の電流を連続してON・OFFする。電圧の山（パルス）の幅が変わり、モーターにかける平均電圧や周波数を制御します。

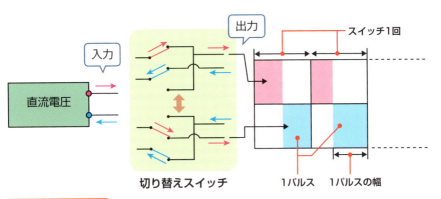

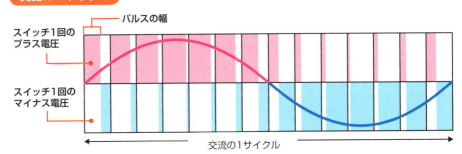

VVVFインバータ

（写真提供：東芝）

TRAIN COLUMN

VVVFインバータの作動音

　VVVFインバータのオン・オフを繰り返すスイッチが作動すると磁気に反応する部品が音を発します。これを励磁音といいます。その音の高さは、スイッチが作動する周波数によって変化します。JR東日本E501系や、京浜急行電鉄の2100形と1000形の一部に搭載された、シーメンス社（ドイツ）製のVVVFインバータは、発車するときの励磁音が「ファー・ソ・ラ・シ♭・ド・レ・ミ♭・ファー」という音階を奏でているように聞こえます。なかなか愉快な音で、「ドレミファインバータ」というニックネームでも呼ばれていますが、近年は日本製のVVVFインバータへの交換が進んでいます。

主回路を流れる電力は交流か直流か
交流と直流の変換

- 集電装置から電動機への電気回路を主回路という。
- 主回路の途中で交流と直流の変換が行なわれるケースが一般的になった。

●インバータで直流を三相交流に変える

　集電装置から電車の走行に用いる電動機へ電力を供給する回路を**主回路**と呼びます。かつての電車では集電装置で取り入れた電力が直流で、電動機も直流電動機だったので、主回路を流れる電力の種類は直流だけでした。しかし、今日では架線を流れる電力に交流も加わり、さらには電動機も三相交流で動く交流電動機が用いられるようになったので、**主回路の途中で交流と直流の変換**が行なわれています。

　前述しましたが、直流の電化区間を行く電車が三相交流の交流電動機を駆動するために用いている電力変換装置はインバータです。インバータは半導体素子によって構成され、高い効率を備えた絶縁ゲート・バイポーラ・トランジスタ(**IGBT**)が多く使っています。

　一方、交流の電化区間を行く電車が直流電動機を駆動するために用いている電力変換装置は**整流器**です。整流器の種類はさまざまですが、今では電車用を含めてシリコンダイオードを使った整流器が一般的です。

●交流、直流、三相交流と電力が変わる

　交流の電化区間を行く電車が三相交流の交流電動機を駆動するには少々複雑な手順が必要です。まずはコンバータを用いて直流に変換し、ここで得られた直流をさらにインバータで三相交流に変える必要があります。

　コンバータは半導体素子で構成され、今日ではインバータ同様にIGBTが主流になりました。コンバータの代わりに整流器を使用してもよいのですが、整流器では直流を交流に変えられないので、電力回生ブレーキが使用できなくなってしまいます。

CLOSE-UP

電力回生ブレーキが使用できなくなるとは

電力回生ブレーキでは、電動機を発電機として使用し、発電された電力を架線に戻す。交流電化区間を行く電車が三相交流の交流電動機を駆動している場合、電力回生ブレーキを作動させたときの主回路は次の通りになる。交流電動機→三相交流→インバータをコンバータとして使用→直流→コンバータをインバータとして使用→交流→集電装置。インバータとコンバータは実は同じもので電動機が発電機になるのと同じこと。パンタグラフから直流を得る装置が、インバータとして使うことができない整流器の場合には、電力回生ブレーキは使用できない。

交流と直流の変換

交直流電車

日本で最初の交直流電車は、国鉄の401系と421系で、前者は直流／交流50Hz用、後者は直流／交流60Hz用。ともに1960年に登場した。左の写真は421系。

交流用機器を搭載

元国鉄の直流電車113系を改造し、交流用の機器類が追加されたJR西日本の415系800番台。石川県の七尾線を走っている。金沢〜津幡の交流区間と七尾線（直流）を直通している。

1976年に登場した国鉄の北海道向け近郊形電車711系は、在来線初の交流専用電車だった。サイリスタ位相制御という方式で直流直巻電動機を制御する。

1990年にJR北海道に登場した785系特急形電車は交流専用だが、VVVFインバータ制御装置と交流電動機を使用している。

TRAIN COLUMN

直流から交直流に改造された電車

　交直流電車は、変圧器や整流器など交流用の機器を直流電車に追加したものです。1991年にJR西日本の七尾線津幡〜七尾間が直流電化され、交流電化の北陸本線と直通する近郊型電車が必要になりました。一方、近畿地方では、直流電化区間だけを走る485系交直流特急型電車があり、交流用の機器が不要でした。そこで、485系の交流用の機器を113系に移す改造を実施し、それぞれ直流特急電車183系700・800番台、交直流近郊型電車415系800番台となりました。なぜ、このような面倒なことを行なったのかというと、北陸本線を直流化する計画があったからです。

エンジン、発電機、蓄電池を搭載
各種のハイブリッド車両

- 非電化路線における省エネの切り札として注目されている。
- 実用化への試験段階から、量産へと移行している。
- ハイブリッドの入替用機関車もある。

●電動機を使って走行

　自動車では1990年代後半からハイブリッド車が実用化されていますが、近年は鉄道車両においても注目されています。

　鉄道のハイブリッド車両は**ディーゼルエンジンと発電機、蓄電池**を搭載し、車輪は**主電動機**で駆動します。ディーゼルエンジンで発電機を回し、そこで得た電気を主電動機に供給して走ります。ディーゼルエンジンの動力を直接、車輪の駆動に使っているわけではありません。また、発電機及び回生ブレーキで蓄電池を充電し、そこからも主電動機に電力を供給するため、停車中や低速走行中はエンジンを停止することも可能です。

　JR東日本の小海線で2007年から営業運転している**キハE200形**は、世界初の旅客用ハイブリッド鉄道車両です。その後、JR東日本では、2010年にHB-E300系、2015年にHB-E210系がデビューしています。形式呼称の「HB」は、ハイブリッドを意味する記号です。

●JR東日本に続きJR九州にも導入

　JR東日本のハイブリッド車両は、**蓄電池にリチウムイオン二次電池、制御にVVVFインバータ、主電動機に三相誘導電動機を使用**しています。パンタグラフがなく、代わりに発電所を積んだ電車ともいえます。JR九州では、交流電車に蓄電池を搭載して、交流電化区間を走行中に蓄電池の充電を可能にしたハイブリッド電車を開発し、2016年秋から非電化区間である折尾〜若松間に直通する819系DENCHA（Dual Energy Charge Train）を導入することになりました。また、電車ではありませんが、JR貨物のハイブリッドの機関車HD300形は、貨物駅における貨車の入れ換えに使用しています。

用語解説

ハイブリッド
混同や複合という意味。複数の要素を共用するときに用いられる。

キハE200形
小海線に導入されたハイブリッド車両キハE200形は、従来の気動車に比べ燃料消費量が約10％削減され、騒音も低減されている。

CLOSE-UP

リチウムイオン二次電池
二次電池とは充電することができる電池、すなわち蓄電池のこと。リチウムイオン二次電池は、その名の通りリチウムイオンを電気伝導に用い、容量の割に体積や重量を小さくできるのが特徴。

JR東日本 キハE200形のハイブリッドシステム

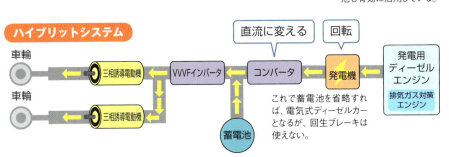

ハイブリッドシステムではディーゼルエンジンで発電機を回し、発生した交流電流をコンバータで直流に改め、VVVFインバータから三相交流電流を三相誘導電動機に供給する。また、蓄電池も有効に活用している。

これで蓄電池を省略すれば、電気式ディーゼルカーとなるが、回生ブレーキは使えない。

JR貨物のHD300形ハイブリッド機関車。従来のDE10形ディーゼル機関車と比べ、燃費を約36%、窒素酸化物排出量を約61%、騒音を約22dB低減させた。

JR仙石線の新型車両HB-E210系。エンジンからの電力と蓄電池からの電力で主電動機を駆動する。

TRAIN COLUMN

蓄電池駆動電車「ACCUM」

　JR東日本の烏山線で2014年から営業運転をしているEV-E301系は、「ACCUM」(アキュム)という愛称を持つ蓄電池駆動電車です。これは大容量の蓄電池を搭載した電車で、直通する電化区間(東北本線 宇都宮～宝積寺間)ではパンタグラフから集電し、走行中や停車中に蓄電池を充電します。また、折り返し駅(烏山)には急速充電する装置があるほか、回生ブレーキで発生した電気でも蓄電池を充電します。非電化区間ではパンタグラフを下げ、蓄電池を電源として走行するので、気動車と違い排気ガスが出ません。エンジンがないので騒音も低減されています。これもハイブリッド車の一種です。

column

リニアモーターとは？

新しい時代の高速鉄道として、JR東海が計画している中央新幹線のリニアモーターカーが注目されています。これは鉄道と分類されながらも車輪はなく、磁気で車体を浮かして高速で走行するものです。

「リニアモーターカーに乗ってみたい」と思っている人も

大江戸線　　　　　（写真提供：東京都交通局）

多いでしょうが、実はすでに乗ることができます。東京都営地下鉄大江戸線などは、リニアモーターを動力とした電車が走っています。

リニアモーターとは、軸が回転するモーターを展開し、平面に伸ばしたものに相当します。鉄道の場合は回転するモーターにおける外側の固定子と内側の回転子の一方が車両側、他方がレール側というイメージです。中央新幹線は磁気による反発力・吸引力で車体を浮かせ、リニアモーターで走行する方式で、磁気浮上式鉄道ともいいます。これに対して、大江戸線などは動力にリニアモーターを使いながらレールの上を車輪で走る、鉄輪リニアモーターカーと呼ばれるものです。2本のレールの間に、固定子に当たるリアクションプレートがあるのが特徴です。

なお、磁気浮上式のリニアモーターカーも、2005年に開業した愛知高速交通「リニモ」で採用されているほか、海外にも実用化された例があります。

リニアモーターのしくみ

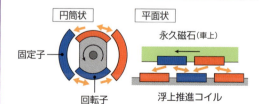

円筒状のモーターを平面状にしたものがリニアモーター。地上のコイルと車上の永久磁石が互いの反発力と吸引力で推進する方式が今建設中の中央リニア新幹線の方式。

第5章

電車を止めるしくみ

電車の機能の中でも、最重要なのがブレーキです。
さまざまな種類のブレーキによって、電車の安全は守られてきました。
非常時に使用されるブレーキもあります。

ブレーキの役割と種類

電車にとって大切な装置の1つ

- ブレーキとは、電車の速度を緩めたり、下り坂で速度を一定に抑えたり、停止させ続ける装置を指す。
- 機械ブレーキと電気ブレーキとに大別される。

●今日の電車は2種類のブレーキを搭載する

　ブレーキとは、**電車の速度を緩めるための装置**です。ほかにも電車の速度を一定に抑えたり、停止した電車が動かないように保持する目的にも使われます。

　電車が搭載する装置の中で、ブレーキは大切なものの1つです。すべての車両がブレーキを搭載しており、何両連結して運転されていても全車両のブレーキが作動します。今日では複数の種類のブレーキを備えた電車も当たり前となりました。

　今日実用化されている電車のブレーキは、**機械ブレーキ**と**電気ブレーキ**に分けられます。

　機械ブレーキとは、車輪を押さえるブレーキシューと車輪との間、それからブレーキディスクを押さえるブレーキライニングとブレーキディスクとの間に生じる**摩擦によって必要な力を得るブレーキ**です。手用ブレーキや空気ブレーキなどが該当し、ブレーキとしては基本的なもの。ただし、摩擦力は、温度、速度、水や雪の介在により変化することで、必要なブレーキ力が得られない場合があります。また、下り坂で使い過ぎると過熱しやすくなり、最悪の場合、ブレーキが利かなくなることもあります。

　電気ブレーキとは、電車の運動エネルギーを電気エネルギーに変えてブレーキ力を得るブレーキです。**発電ブレーキ**と**電磁誘導ブレーキ**があり、前者は電動機を発電機として用いたときの抵抗、後者はレールやブレーキディスクとの間に発生させた渦電流による抵抗がブレーキ力となります。

　どちらも摩擦以外の方法で必要な力を得るブレーキであるため、長時間かけ続けてもブレーキの利きは変わりません。発電ブレーキは今日の電車のほぼすべて、電磁誘導ブレーキは新幹線電車の一部にそれぞれ採用されています。

用語解説

ブレーキシュー
車輪の踏面(レールに接する部分)に押し付けられたときの摩擦によってブレーキ力を生み出す部品。制輪子ともいう。ブレーキシューの材質には鋳鉄、合成樹脂などがある。

ブレーキディスク
車軸や車輪に取り付けた円板。合成樹脂製や焼結合金製のブレーキライニングが押し付けられることで摩擦が生じ、ブレーキがかかる。

豆知識

電車以外のダイナミックブレーキ
ディーゼル機関車やディーゼル動車が搭載するディーゼル機関を用いた機関ブレーキ、排気ブレーキ、コンバータブレーキがある。

ブレーキ方式分類（動力方式による分類）

ブレーキは次のような種類があり、それぞれ必要に応じて使われています。

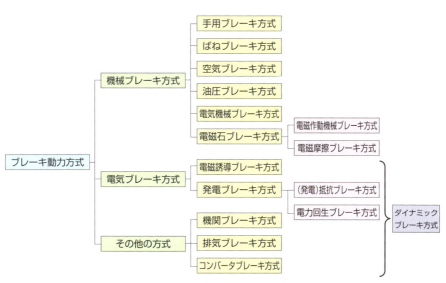

摩擦に頼る機械ブレーキは手用ブレーキ、空気ブレーキのほかにも種類は多い。一方、電気ブレーキは種類が少なく、電磁誘導ブレーキはJR東海・JR西日本の700系新幹線電車だけで用いられている。

ブレーキディスク

ブレーキディスクとブレーキライニングを組み合わせた機械ブレーキをディスクブレーキという。上の写真はJR東日本の新幹線E5系電車。機械ブレーキの中では効きがよいため、新幹線では700系の付随車以外のすべての電車に採用されている。

JR東日本の485系特急形交直流電車のブレーキシューが車輪の踏面を押さえているところ。写真のようにブレーキシュー1個で1枚の車輪を押さえるほか、2個のブレーキシューで車輪1枚を挟むケースも見られる。

ブレーキの主流は動力によるブレーキ
人力と動力によるブレーキ

POINT
- ブレーキには人力によるものと動力によるものがある。
- 動力によるブレーキが主流だが、停車中の車両を動かないようにする目的で人力によるブレーキも用いられる。

●人間の力でブレーキシューを押し付ける

　鉄道のブレーキ装置の中で最も古く、最も単純な方法は人間の力で車輪にブレーキシューを押し付ける**手用ブレーキ装置**です。円形や棒状のハンドルを回し、歯車や棒、リンク装置などを介して車輪の踏面にブレーキシューを押し付けます。

　明治時代に日本に初めて伝えられた電車には手用ブレーキ装置だけが付いていましたが、スピードが上がると力が足りません。そこで、動力によるブレーキ方法が考えられました。

●動力によるブレーキは電車には2種類

　動力を用いて作動させるブレーキ装置ですが、電車には**機械ブレーキ方式**と**電気ブレーキ方式**が用いられています。

　機械ブレーキ方式とは、**ブレーキシューと車輪との間またはブレーキライニングとブレーキディスクとの間の摩擦によってブレーキ力を得る方式**です。圧縮空気を用いる空気ブレーキ方式、ばねの力を用いるばねブレーキ方式、油圧を用いる油圧ブレーキ方式、電動機の力を用いる電気機械ブレーキ方式、電磁石を用いる電磁石ブレーキ方式があります。走行中でも停車中でも使用できますが、停車中に使用する場合、圧縮空気などは徐々に抜けてブレーキ力が落ちていくので、**手歯止めと呼ばれる車輪のストッパーが必要**です。

　電気ブレーキ方式とは、**車両の運動エネルギーを電気エネルギーに換えることによってブレーキ力を得る方式**で、走行中にしか使用できません。動力発生装置である電動機を発電機として使用する発電ブレーキ方式、それからブレーキディスクなどに非接触の電磁誘導作用を用いる電磁誘導ブレーキ方式が挙げられます。

用語解説

留置ブレーキ
留置中の車両が動き出さないようにするために使用するブレーキ装置。

手歯止め
留置中の車両が動き出さないよう、車輪の前後に装着する輪留め。金属製のものが多い。

豆知識

手用ブレーキ装置
手用ブレーキ装置は車庫などに電車を長時間置いておく際の留置ブレーキとして、今でも見ることができる。

圧縮空気
空気を強い力で圧縮し、高い圧力を持つ空気。標準的な大気圧は約100kPaであるところ、約800kPa程度まで高めて用いられる。空気の圧縮に用いる機械を空気圧縮機(P.124参照)という。

手用ブレーキ

最も古く、人間の力で押し付ける手用ブレーキ。円形や棒状のハンドルを回して止めます。

運転台の右側に取り付けられている円形のハンドルを右に回すと手用ブレーキがかかる。写真は交通科学館（現在は京都鉄道博物館）に保存されていたDD54形ディーゼル機関車の手用ブレーキ。

手歯止め

機械ブレーキ方式を停車中に使用する場合、手歯止めという車輪のストッパーも同時に使用します。

JR西日本のマイテ49形という客車を留置するために用いられている手歯止め。使用したまま車両を動かすと脱線の恐れがあるため、「手歯止使用中」という札が掲げられる。

圧力空気を抜くという発想の転換
自動空気ブレーキ

POINT
- 連結車両が走行中分離しても自動的にブレーキがかかる。
- 機関車牽引の列車では、世界中で採用されている。
- 操作が難しいため、今日の電車にはあまり採用されていない。

●ブレーキ管の圧力を下げると作動する

　鉄道の創生期であった19世紀には、貨物列車など何両も連結した車両の連結器が走行中に切れ、車両が暴走して大惨事を招いたことがありました。このような事態を防ぐために1868年に開発されたブレーキが**自動空気ブレーキ**です。

　自動空気ブレーキがブレーキシューを押し出すしくみは直通空気ブレーキ (P.102参照) と変わりません。しかし、ブレーキシリンダーに至るまでのしくみは大きく異なっています。

　空気圧縮機でつくられた圧縮空気は、まず**元空気だめ**という空気タンクにためられ、ここからブレーキ管と呼ばれる空気管を介し、連結された各車両が備えた三圧力式制御弁を経由して補助空気だめに送られます。ここで重要なのは、**三圧力式制御弁から空気管が分かれてブレーキシリンダーへと向かっている**という点と、ブレーキが緩んでいるときは**ブレーキ管には常に約500kPaの圧力空気が込められている**という点です。

　自動空気ブレーキを作動させるには、ブレーキ弁ハンドルを操作してブレーキ管の空気を抜き、圧力を下げます。圧力を釣り合わせようと圧縮空気は補助空気だめからブレーキ管へと流れようとするものの、制御弁は圧縮空気の動きを変えてブレーキシリンダーへと圧縮空気を送るのです。三圧力式制御弁は内部にピストンを備えており、**ブレーキ管の圧力に応じて動いて圧縮空気の流れを変えるしくみ**になっています。

　万が一連結器が切れてもブレーキ管の圧縮空気が抜けるので、すべての車両のブレーキが作動して安全です。しかし、車両の両数が増えると後方の車両ほどブレーキの作動に時間がかかるという欠点があり、現在では旧式のものを除いて電車への採用例はあまりありません。

用語解説

元空気だめ
空気圧縮機でつくられた圧縮空気をためておく、すべての機器の供給元となる空気タンク。

補助空気だめ
自動空気ブレーキのブレーキシリンダーへ圧縮空気を供給するために各車両に設けられた空気タンク。

制御弁
ブレーキ管の圧力の変化に伴ってブレーキシリンダーの圧力を制御するバルブ。三動弁とも呼ばれる。

度合弁、滑り弁
ピストンによって動く弁で、ブレーキシリンダーや吐出口への圧縮空気の移動を導くことでブレーキをかけたり、緩める役割をする。

込め溝
ブレーキ管と補助空気タンクを結んだときに圧縮空気が通るすき間。

自動空気ブレーキが作動するしくみ

自動空気ブレーキを備えた車両なら、連結車両が分離してもすべての車両でブレーキが作動する。

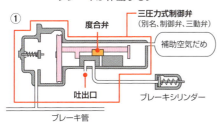

ブレーキ管に圧縮空気が込められているとき、三圧力式制御弁内の圧縮空気は補助空気だめだけに向かい、ブレーキシリンダーへは流れない。

一方、ブレーキ管の圧力空気を抜くと、釣り合いピストンが動いて圧縮空気は補助空気だめからブレーキシリンダーへと流れ、ブレーキがかかる。

ブレーキ弁ハンドル

電気機関車に装着されているブレーキ弁ハンドル。自動ブレーキ弁ハンドルは連結した全車両に、単独ブレーキ弁ハンドルは自車だけにそれぞれブレーキをかけるためのものです。自動空気ブレーキを作動させるには自動ブレーキ弁ハンドルを常用ブレーキ位置、単独ブレーキ弁ハンドルを緩ブレーキ位置にハンドルを回します。自動ブレーキではハンドルの位置でブレーキの利きを直接調節することはできず、利き目はブレーキ位置に置いた時間が長くなるほど強くなってきます。このため操作が難しく、機関車だけ素早くブレーキの調整ができる単独ブレーキ弁と併用して、微調整をします。

自動ブレーキ弁ハンドル
- Ⓐ 緩め位置（ブレーキを急速に緩め、ブレーキ管に圧力空気を込める）
- Ⓑ 運転位置（通常の運転の際に用いる。ブレーキは緩み、ブレーキ管に圧縮空気が込められる）
- Ⓒ 保ち位置（自車のブレーキをかけたまま、ほかの車両のブレーキを緩める）
- Ⓓ 重なり位置（ブレーキ管の圧力を一定に保つ）
- Ⓔ 常用ブレーキ位置（通常用いるブレーキをかける）
- Ⓕ 非常ブレーキ位置（非常の場合に用いるブレーキをかける）

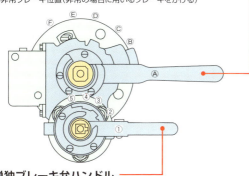

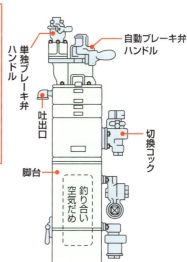

単独ブレーキ弁ハンドル
① 緩め位置（ブレーキを急速に緩め、ブレーキ管に圧縮空気を込める）
② 運転位置（通常の運転の際に用いる。ブレーキは緩み、ブレーキ管に圧縮空気が込められる）
③ 重なり位置（ブレーキ管の圧力を一定に保つ）
④ 緩ブレーキ位置（緩く作動するブレーキをかける）
⑤ 急ブレーキ位置（急激に作動するブレーキをかける）

単純な構造でブレーキの利きもよい
直通空気ブレーキ

- ●直通空気ブレーキ装置、電磁直通空気ブレーキ装置がある。
- ●ブレーキの利きが早く、調節もしやすい。
- ●現在も多くの電車に採用されている。

●ブレーキシリンダーに圧縮空気が送られて作動

　機械ブレーキ方式のうち、最も一般的なものは**空気ブレーキ装置**です。なかでも、直通空気ブレーキ装置は電車では古くから採用されてきました。

　直通空気ブレーキ装置とは、**直通管と呼ばれる管に圧縮空気を送ることで作動するブレーキ**です。直通管は**ブレーキシリンダー**と結ばれており、ここに内蔵されたピストンが圧力空気の力で押し出され、ブレーキシューを車輪に押し付けます。

　運転士が**ブレーキ弁ハンドルを回した角度分のブレーキ力が得られるため、かけやすい**のが特徴です。しかし、何両も連結して運転した場合、直通管の圧力が増すまで時間がかかり、後方の電車になるほどブレーキはなかなか作動しません。

●電磁弁を用いて直通管の圧力を制御する

　電磁直通空気ブレーキ装置は、直通管の圧力を電磁弁で連結した各車両で一斉に制御するブレーキです。これによって、ブレーキ力が直接制御できるという直通空気ブレーキの長所はそのままに、多数連結した車両のブレーキがほぼ一斉に効くという特徴を持っており、現在も多くの電車で採用されています。

　直通ブレーキはもともと連結運転をしない路面電車などを対象に開発されたために、走行中に連結が切れて分離した際の安全性が確保できないため、実用化に際しては、**自動ブレーキ**との二重設備にしたり、これと同等の機能を備えることで連結車両で用いられるようになりました。

　最近ではこれを一層簡潔にして、最初から電気信号でブレーキ力を指示する電気指令式が主流になっています。

用語解説

ブレーキシリンダー
空気圧をピストンが押し出す力へと変換する機器。通常は円筒のタンクにピストンの押し棒が内蔵された形状になっている。

圧縮空気を込める
ブレーキ装置の空気タンクや配管などに圧縮空気を供給する操作を指す。

直通空気ブレーキ装置とブレーキ弁ハンドルの作動位置

直通空気ブレーキは、ブレーキがより早く利く特徴があります。

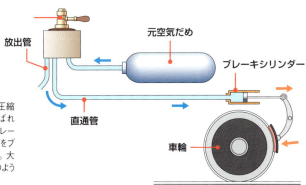

空気圧縮機でつくられた圧縮空気を元空気だめと呼ばれるタンクにためておき、ブレーキをかける際は圧縮空気をブレーキシリンダーへと送る。大まかにいうと、空気鉄砲のような単純なしくみを持つ。

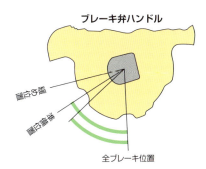

緩め位置
直通管と放出管が結ばれ、ブレーキシリンダーに込められた圧縮空気が放出される。

準備位置
元空気だめと放出管、直通管がどこも結ばれない状態。そこから全ブレーキ位置へブレーキ弁ハンドルを動かすと、角度に応じて元空気だめからブレーキシリンダーへ供給される圧縮空気の圧力が高くなる。

全ブレーキ位置
元空気だめと直通管が完全に結ばれた状態。普段用いる最も強いブレーキが作動する。

ブレーキ弁ハンドルの作動位置と電磁直通ブレーキ装置のしくみ

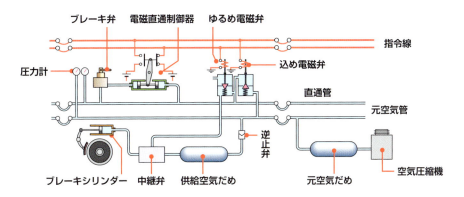

ブレーキ弁ハンドルを作動させると、その角度に応じたブレーキ力に相当する電磁力が電磁直通制御器で出力される。電磁力は中継弁に伝えられ、ブレーキシリンダーを作動させるしくみ。

現代の機械ブレーキの主流
電気指令式ブレーキ

- ブレーキの指令を電気信号で送るため、早く利く。
- 運転室に空気管の配管が不要なうえ、ブレーキハンドルと主幹制御器ハンドルを一体化できる。

●電線と元空気管を引き通すだけでいい

　重量の低減や保守作業の手間を省くため、ブレーキをかけたり、緩めたりする指令を圧縮空気から電気信号へと変えたブレーキが**電気指令式ブレーキ**です。ブレーキの指令をブレーキ弁の代わりに**ブレーキ制御器**で出します。運転室に空気管の配管が不要なのでコンパクトにまとめられており、**電車の力行を司る主幹制御器とブレーキハンドルが一体化されたものがある**のが特徴です。

　ブレーキ制御器のハンドルを操作すると、ハンドルの角度に応じて必要な強さのブレーキを**デジタル方式**または**アナログ方式**の電気信号で各車両に送ります。デジタル方式とアナログ方式の違いは、ブレーキの強さに段階があるかどうかです。前者には段階があり、後者にはありません。

　電気信号はブレーキ受量器へと送られ、空気ばね圧から得られた荷重情報も含めて、必要なブレーキ力を演算します。そのうち、電気ブレーキ力は走行用の制御装置へ、空気ブレーキ力はブレーキ制御装置に送られ、そこで必要な空気圧に変換されます。最終的に**必要な強さの圧縮空気が各車両の空気タンクからブレーキシリンダーに供給され、ブレーキが作動**します。

　電気指令ブレーキでは空気の配管は元空気管だけで済み、ブレーキの効き方は電磁直通ブレーキよりも迅速です。

　電車が分離したときに備え、ブレーキ制御器と最後尾の車両を往復する非常指令線という電線に常に電気を流しておきます。非常指令線が切れて電気が流れなくなるとブレーキを作動させる非常電磁弁があり、安全にも万全の対応が取られています。

用語解説

ブレーキ制御器
ブレーキの指令を電気信号として出力する機器。

ブレーキ制御装置
ブレーキの指令を受け、ブレーキシリンダーに供給する圧縮空気を制御する機器類をまとめた装置。

ブレーキ受量器
ブレーキの指令を受け、必要なブレーキ力を演算し、電気ブレーキと空気ブレーキにそれぞれの分担割合に応じたブレーキの指令を出す装置。

ブレーキ制御器ハンドル

電気指令式ブレーキは、近年、新幹線をはじめとする、ほぼすべての電車に採用されている。写真はJR東日本E5系のブレーキ制御器ハンドル。主幹制御器ハンドルとは別となっており、左から右へと回すとブレーキがより強く作動する。

在来線や私鉄の電車ではブレーキ制御器ハンドルと主幹制御器ハンドルが一体となったワンハンドルも多く見られる。写真は広島電鉄5100形電車のワンハンドル。手前に引くと加速し、奥に押すとブレーキが作動する。

電気指令式ブレーキの構成例

電気指令式ブレーキは、電気信号がブレーキ受量器へと送られ、必要なブレーキ量が計算されます。必要な量の圧縮空気が空気タンクからブレーキシリンダーに供給されます。

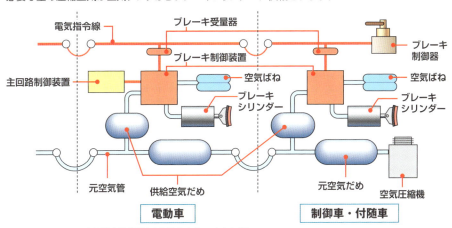

主回路制御装置が分担するブレーキ力を差し引いた分を機械ブレーキが負担する。電気ブレーキ力が十分なら機械ブレーキは用いない。

摩擦に頼らない電気ブレーキの基本形
発電ブレーキ

- 電動機を発電機として使用してブレーキ力を得る方式のうち、ここでは（発電）抵抗ブレーキを扱う。
- 列車の運動エネルギーは抵抗器で熱エネルギーになり、捨てられる。

●ブレーキの利きがよく、なおかつ安定

　電車にとって機械ブレーキは最も基本的なブレーキですが、電車のスピードが上がって高速域で機械ブレーキをかけるとさまざまな問題が生じました。ブレーキシューやブレーキライニングの摩耗の度合いが高く、メンテナンスに多くの手間や費用を要するようになったのです。また、ブレーキシューやブレーキライニングから生じる粉が飛び散り、床下に搭載した電気機器の故障の原因となることもありました。

　そこで考えられたのが**電気ブレーキ**で、なかでも**発電ブレーキ**は早くから使用されています。発電ブレーキでは、電車の電動機を発電機として動作させることで生じる電力を抵抗器で消費し、**電動機とともに回転する車輪にブレーキ力を作用させます**。高速からでもブレーキの利きがよく、なおかつ安定しており、低速になるまで発電ブレーキだけで減速します。

　では、発電ブレーキを作動させる過程で生じた電気はどうなるのでしょうか。抵抗制御の電車の場合は抵抗器を搭載しているので、こちらに電気を流し、**熱として放出**してしまいます。チョッパ制御（P.82参照）や位相制御、VVVFインバータ制御（P.88参照）の電車の場合は速度制御に抵抗器を用いていないため、必要な場合は**ブレーキ専用の抵抗器を登載**します。

　直通空気ブレーキや電気指令式ブレーキを搭載した電車の場合、ブレーキ弁やブレーキ制御器のハンドルを操作すれば発電ブレーキが作動します。自動空気ブレーキと発電ブレーキを併用する電車の場合、ブレーキ弁の操作で双方のブレーキが作動する例と、発電ブレーキは主幹制御器ハンドル、自動空気ブレーキはブレーキ弁でそれぞれ操作して作動させる例があります。

豆知識
VVVFインバータ制御の電車の発電ブレーキ例

一般にはインバータを用いて電力回生ブレーキ（P.108参照）を使用する。しかし、JR貨物の電気機関車M250系電車はVVVFインバータ制御でありながら、発電ブレーキを使用する。

CLOSE-UP
抑速ブレーキ

下り坂で電車の加速を抑えるために用いられるブレーキ。電気ブレーキが用いられるケースが一般的で、発電ブレーキによる抑速ブレーキを使用する際、直通空気ブレーキ付きの電車では主幹制御器ハンドルを抑速ブレーキ側に切り替えて操作する。

発電ブレーキ付きのブレーキ弁ハンドル

ブレーキ弁ハンドル

佐久間レールパーク（現存しない）に保存されていた0系新幹線電車の運転室。写真奥のブレーキ弁ハンドルを操作すると速度に応じて発電ブレーキと電磁直通空気ブレーキが作動する。

主幹制御器ハンドルで作動させる発電ブレーキ

東京都交通局7000形電車の主幹制御器ハンドル。写真手前の「切」の位置から「電動」の位置へと右に回すほど加速は強まり、逆に左に回すと発電ブレーキが作動する。一方、ブレーキ弁ハンドルは直通空気ブレーキを作動させるだけ。

発電ブレーキのしくみ

発電ブレーキは、電動機を発電機として動作させて生じた電力を消費することで、ブレーキ力を得ます。

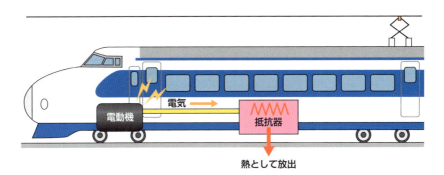

省エネルギー性に富んだ電気ブレーキ
電力回生ブレーキ

- ブレーキの際に電動機が発電した電力を架線に戻す。
- 架線に戻された電力は、ほかの電車が加速に使用する。
- 発熱がないので安全で軽くできる。

●発電した電力を有効に活用

　発電ブレーキ〔(発電)抵抗ブレーキ(P.97参照)〕は1950年代後半以降、多くの電車に普及しましたが、電動機が発電した電気を熱として放出するので、省エネルギー性は乏しいものでした。地下鉄では、抵抗器の放熱によってトンネル全体の温度が上昇し、夏には利用者を悩ませました。また、下り坂で発電ブレーキを作動させ続けるには容量の大きく重い抵抗器を載せるため、機器の多い電車にとって問題がありました。

　電力回生ブレーキ装置は**電動機を発電機として使用してブレーキ力を得る**ところまでは発電ブレーキと同じです。しかし、**発電した電力を架線を通じて戻す点**が異なります。架線に戻された電力は、**ほかの電車が加速のために用いる**など、有効に活用されるので省エネルギーにつながっています。

　JR西日本が試算した例では、関西地区の通勤路線で平均6.4両編成の電車を日中に4分間隔で1時間運転したと仮定すると、電車の電力消費量は電力回生ブレーキを用いたときと用いなかったときでは約1万1000kWhもの差が生じました。

　電力回生ブレーキ装置を作動させるには、いくつかの課題があります。電動機で発電した電力を架線を流れている**電気の種類と電圧の範囲に合わせなければなりません**。

　複巻電動機(P.82参照)を用いた界磁チョッパ制御(P.82参照)、直巻電動機を用いた界磁添加励磁制御(P.79参照)では比較的容易に電力を架線に戻すことができました。現在主流となったVVVFインバータ制御の電車では加速の際に使用するコンバータ(P.90参照)やインバータ(P.90参照)をそのまま用いて、回路をつなぎ替えることなく発電した電力を架線に戻すことができるようになっています。

用語解説

複巻電動機式回生ブレーキ

界磁巻線(発電機などに用いられる電磁石に励磁電流を流す巻線)には直巻と分巻がある。分巻界磁を広範囲に制御して、回路をつなぎ替えることなく回生ブレーキを可能にした電車が、1970年代に私鉄で普及した。

添加励磁制御を用いた回生ブレーキ

直流直巻電動機(P.78参照)の界磁巻線に対し、電動発電機からの交流を整流して加える国鉄で開発した回生ブレーキ。1985年に国鉄の205系通勤形直流電車で初めて実用化された。

豆知識

電車の電力消費量

電車の電力消費量は電力回生ブレーキを用いたときが約2万8000kWh、用いなかったときが約3万9000kWhだった(JR西日本の試算の例)。

電力回生ブレーキ装置と変電所

電力回生ブレーキ装置は、VVVFインバータ制御装置を搭載した電車が一般的になると鉄道会社各社に広まった。写真は東京急行電鉄9000系電車のVVVFインバータ制御装置。誘導電動機（P.84参照）の駆動と同時に、電力回生ブレーキも用いる一般的な方式。

変電所は架線に電力を供給するための施設。交流電気鉄道の変電所は、電力回生ブレーキ装置によって架線に戻された電力を消費する電車が存在しなくても、その電力を取り込む機能も持つ。写真は東海道新幹線の大崎変電所。

電力回生ブレーキ装置のしくみ

電力回生ブレーキ装置は、電動機を発電機として使用してブレーキ力を得ます。発電した電力は架線に戻され、ほかの電車に利用されます。

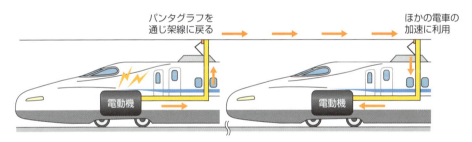

発電ブレーキと異なり、電力回生ブレーキでは発電した電力をパンタグラフを通じて架線に戻す。その電力はほかの電車で使用される。

TRAIN COLUMN

電力回生ブレーキ装置と直流変電所

　直流電気鉄道では、ほかの電車が加速していないと電力回生ブレーキが利かなくなります。その対処として、架線に電力を供給している変電所が電力回生ブレーキから戻される電力を回収し、熱に変換して捨てたり、電池などに蓄えたり交流に変換して駅のエスカレーターや換気、照明などに用いる例もあります。こうすることで電力回生ブレーキが有効になりますが、まだどれも高価なので普及はしていません。

効率的にブレーキをかけるためのしくみ
電気・空気ブレーキの協調

POINT
- 高速域では電気ブレーキ、停止直前には空気ブレーキを使う。
- 電気ブレーキと空気ブレーキの切り替えは自動的に行なわれる。
- 電動機を搭載していない電車とも協調して動作する。

●電気ブレーキを優先し、不足分は空気ブレーキで

　近年、ほぼすべての電車の電気ブレーキと空気ブレーキは同じハンドルで操作することができ、しかも運転士は速度に応じて双方のブレーキを切り替える必要はありません。

　2つのブレーキは協調して作動するようになっていて、**高速域では主として電気ブレーキ、停止間際には空気ブレーキ**がそれぞれかかります。ブレーキ制御器ハンドルからの指令がブレーキ制御装置またはブレーキ受量器に伝えられると、どちらの機器も指令されたブレーキ力に見合うよう、電気ブレーキを作動させます。同時に電気ブレーキは、そのときに作動させたブレーキ力を示す電気信号をブレーキ制御装置またはブレーキ受量器へと伝えます。

●電動機付きの電車と編成を組む

　ブレーキ制御装置やブレーキ受量器は、ブレーキ制御器ハンドルから指令されたブレーキ力を示す電気信号と、電気ブレーキが作動して利かせたブレーキ力を示す電気信号を比較し、**指令されたブレーキ力の方が大きければ**（電気ブレーキだけではブレーキ力が不足しているときには）、**圧縮空気をブレーキシリンダーに供給します。**

　従来、電気ブレーキと空気ブレーキとの協調は、電動機を搭載した電車だけで行なわれていました。しかし、近年では電動機を搭載しない電車も電動機付きの電車と編成を組み、**編成全体に必要なブレーキ力を極力電気ブレーキだけで負担するしくみ**が採り入れられています。

　電気ブレーキが利かなくなった場合は、指令されたブレーキ力をすべて空気ブレーキが負担します。

豆知識

ブレーキ制御装置による電気信号の比較

電気信号を電空変換弁で空気圧に変換した後に比較して中継弁を制御することから、空気演算形と呼ばれる。

ブレーキ受量器による電気信号の比較

電気信号を電気的に演算して比較し、指令されたブレーキ力から電気ブレーキが負担したブレーキ力分を差し引いたブレーキ力を示す電気信号を、電空変換弁で空気圧に変換する。

CLOSE-UP

編成制御の目的

省エネルギー効果を上げるためと、ブレーキシューやブレーキライニングの摩耗を少なくして、メンテナンスの手間や費用を節約するため。

電気演算形のしくみ

ブレーキ力を電気演算後に電空変換（電気信号を空気圧力信号に変換）し、ブレーキシリンダー圧を定める方式です。

電気演算形

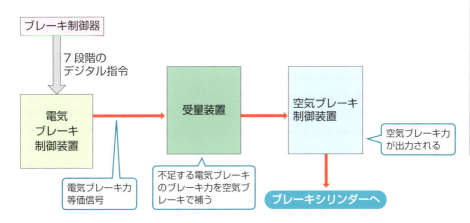

運転士の指示がブレーキ制御器から電気信号として3ビットの信号（0〜7の8通りで、フルに使えば0：ブレーキなし、1〜7：強さが7通りのブレーキ指令）として出される。電気ブレーキ制御装置がそれを受け取り、電気ブレーキで対応可能なブレーキ力を差し引いたものが空気ブレーキ制御装置から空気ブレーキとして出力される。

純電気ブレーキ（全電気ブレーキ）

新京成電鉄8900形

小田急電鉄1000形

（更新前の車両）

純電気ブレーキ（全電気ブレーキ）は、制動開始から停止までを電気ブレーキのみで行なうブレーキのこと。新京成電鉄8900形が採用している。また、小田急電鉄1000形も更新工事のときに採用し、今では一般に広く用いられている。ただし、停止状態を維持する機能はないから、停車直前に電気ブレーキをかける。

箱根登山鉄道で見られる珍しいブレーキ
レールブレーキ

- ブレーキシューや電磁石をレールに押し付けたり、電磁石とレールとの間の電磁誘導作用でブレーキをかける。
- 電気ブレーキのしくみを用いたレールブレーキもある。

●非常時に用いるブレーキとして装備

　これまで紹介した機械ブレーキは、すべて車輪またはブレーキディスクに対してブレーキ力を働かせていました。これらのほか、ブレーキシューをレールに押し付けることで電車を停止させようとする**レールブレーキ**もあります。

　箱根登山鉄道のすべての電車が非常用に装着しているブレーキは、レールブレーキの一種である**レール圧着ブレーキ**です。このブレーキは、**台車に装着されたブレーキシューを圧縮空気を用いてレールに押し付けることで電車を止めます**。レール圧着ブレーキは日常的に用いるブレーキではありません。空気ブレーキや電気ブレーキが故障した際でも安全に電車を止められるよう、勾配区間を運行する箱根登山鉄道ならではのブレーキといえます。

　電気ブレーキのしくみを用いたレールブレーキもあります。ドイツの高速列車ICE3などで実用化されている**渦電流レールブレーキ**です。渦電流レールブレーキでは、**台車に装着した電磁石とレールとの間に生じる電磁誘導作用によってブレーキ力を得ます**。レールと車輪の粘着に頼らず、強力なブレーキ力を得られるという点が特徴です。ただし、レールを発熱させるという欠点があります。

　渦電流レールブレーキに使用する電磁石をレールに押し当て、レールと吸着する力を利用してもブレーキ力は得られます。これは機械ブレーキの一種で、**電磁吸着ブレーキ**と呼ばれています。電車ではなく、一部の電気機関車に装備されていました。それは、現在は廃止されたJR信越線横川〜軽井沢間専用のEF63形直流電気機関車で、急勾配の途中に停止したときのための装備でした。

用語解説

渦電流
電磁石を回転する（動いている）金属に近づけると生まれる。

箱根登山鉄道
神奈川県の小田原駅から箱根町の強羅駅までを結ぶ。日本最急の勾配が存在する。建設に当たっては、スイスのベルニナ鉄道を参考にしている。

EF63形電気機関車
横川〜軽井沢間専用につくられた急勾配用の電気機関車。電磁吸着ブレーキが装着されていた。昭和38年から、長野新幹線が開通する平成9年までの34年間、運行していた。

箱根登山鉄道のレールブレーキとEF63形の電磁吸着ブレーキ

レールブレーキは、箱根登山鉄道をはじめ、電気機関車などで見られます。

80パーミルという急勾配区間がある箱根登山鉄道線のすべての電車は万一に備え、レール圧着ブレーキが取り付けられている。レール圧着ブレーキの利き目は強く、80パーミルの区間でも電車を止められる。
（写真提供：箱根登山鉄道）

レールブレーキを備えていた電車は少ない。写真は電車ではなく、直流電気機関車のEF63形でJR東日本信越線の横川〜軽井沢間（現存しない）で活躍していた。この区間には66.7パーミルの急勾配があり、EF63形には非常用に電磁吸着ブレーキが装着されていた。

レールブレーキのしくみ

空気ブレーキや電気ブレーキが故障した場合でも止めることができる、非常用ブレーキです。

電磁吸着ブレーキ

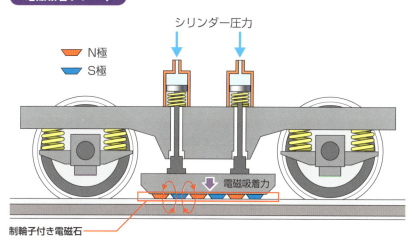

出典：坂本泰明、渡邉晃秀、米山崇、嵯峨信一「リニアレールブレーキの実用化に向けて」、『RRR』2014年8月号、鉄道総合技術研究所、17ページ

制輪子をレールに押し付け、電磁石の磁力でレールに吸着させるブレーキ。急勾配のある路線を運行する車両に装着することが検討された。

column

保安ブレーキ

「もしも」に備えて搭載された予備のブレーキ

　電車の速度を落としたり、停止したりする目的で日常的に用いられるブレーキを常用ブレーキ装置といいます。もしも、走行中の電車の常用ブレーキ装置が故障したり、破壊されたりといった理由で作動しなくなったら……。想像するだけでも怖くなります。

　実はその「もしも」が1971（昭和46）年3月4日、富士急行線で起きました。富士急行の電車が、踏切の遮断機を突破して進入した小型トラックと衝突します。衝突後にも坂を下りていく電車を乗務員は止めようとしますが、ブレーキは全く利きません。スピードはどんどん増し、約4km走った先の急カーブで電車は脱線、転覆し、17人が亡くなり、69人が負傷するという大惨事となりました。

　富士急行の電車のブレーキが利かなかった理由は、衝突の際に圧縮空気をためておく供給空気だめが破壊されて空気ブレーキが作動しなくなったからです。この電車には電気ブレーキはなく、手用ブレーキは付いていましたが、坂を下る電車を止めるだけのブレーキ力はありませんでした。

　事故を受け、鉄道行政を司る運輸省（現在の国土交通省）は対策を指示します。保安ブレーキの設置です。通常使用される常用ブレーキ装置とは別系統のブレーキである保安ブレーキは、例えば空気ブレーキの配管等を二重化したもので構成できます。

　具体的には保安ブレーキ専用の保安空気タンクを電車に搭載し、やはり専用の空気管を用意するというものです。専用の空気管に供給された圧縮空気は途中で常用ブレーキ装置の空気管と合流し、どちらか圧力が高い方の空気が、常用ブレーキ装置のブレーキシリンダーに到達します。

　保安ブレーキの設置のほか、空気だめや空気管を衝撃から守るための対策も打ち出されました。この結果、床下に取り付けられる空気ブレーキに関する機器の位置が、側面や端部からは離れたところへと移されました。この保安ブレーキを直通予備ブレーキと呼ぶこともあります。

第6章 電車の機能を支えるしくみ

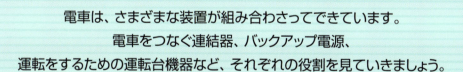

電車は、さまざまな装置が組み合わさってできています。
電車をつなぐ連結器、バックアップ電源、
運転をするための運転台機器など、それぞれの役割を見ていきましょう。

電車を互いにつなぐ
連結器

POINT
- 日常的に連結や切り離しを行なえるものとそうでないものがある。
- 連結器には自動連結器、密着式自動連結器、密着連結器、永久連結器、半永久連結器などがある。

●電車の連結器は密着連結器が主流

連結器は、複数の車両をつなぐ装置です。**日常的に連結や切り離しを行なえるものとそうでないものがあり、電車にはどちらも採用されています。**

連結や切り離しを行ないやすい連結器のうち、電車で一般的なものは**自動連結器、密着式自動連結器、密着連結器**です。

自動連結器は、人の手の握りこぶしのような形をしています。解放てこを用いて解錠した後、連結器同士を押し合えば連結でき、連結器同士を引き合えば切り離すことのできる連結器です。連結面にすき間があり、発進時や停止時に衝撃が生じるので、近年の電車にはあまり採用されていません。

密着連結器はその名の通り、連結面が互いに密着する連結器です。連結器の向かって左側には**案内**と呼ばれる突き出し部分があり、案内が向かって右側の**挿入部**という穴に入り込むと案内の中に収められた錠が回転して連結します。新幹線を含めたJRのすべての電車、私鉄の電車の一部に採用され、最も一般的な連結器といえます。

密着式自動連結器は、自動連結器と同じ構造によって連結と解放が行なえる連結器です。自動連結器とは違って連結面のすき間がほとんどなく、乗り心地がよくなりました。自動連結器との連結も可能で、私鉄の電車の多くに採用されています。

決まった編成に組み込まれ、検査や修理のとき以外は切り離さないという車両には、日常的に連結や切り離しを行なえない**永久連結器**や**半永久連結器**が用いられています。

また、連結器の後方には**緩衝器**が接続されています。発車や停車の際、前後の揺れを吸収・緩和し、乗り心地を快適にする役割があります。

用語解説

解放てこ
自動連結器や密着式自動連結器が備える握りこぶし状のナックルを開くための機器。棒や鎖を介して連結器の錠を解除する。

密着連結器
ブレーキ用の空気配管も内蔵されており、連結と同時に空気管の接続も完了する。

CLOSE-UP

電気連結器
一部の電車では密着連結器や密着式自動連結器の真下か真上に電気連結器が設けられ、連結の際に電気回路も自動的に接続される。

主な連結器の形

自動連結器

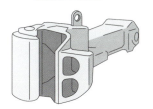

押し合うと連結でき、錠を外して引き合うと切り離せる。

密着式自動連結器

構造は自動連結器と同じだが、連結面のすき間がほとんどない。

密着連結器

連結面が互いに密着。最も一般的な連結器。

永久連結器

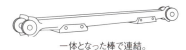

一体となった棒で連結。

半永久連結器

連結後にボルトで固定。

密着式自動連結器

連結時のすき間をなくして乗り心地を向上させた密着式自動連結器を備えた名古屋臨海高速鉄道1000形電車。密着式自動連結器同士とはもちろん、自動連結器を備えた電車とも連結することができる。

密着連結器

JRをはじめ密着連結器を装着した電車は多い。密着連結器は連結と同時に元空気管なども接続できるという特徴を持つ。写真の愛知環状鉄道2000系電車のように、密着連結器の下に電気連結器を備えた電車も多い。

第6章 電車の機能を支えるしくみ

電力を電車へと送り込む
集電装置

POINT
- 集電装置とは架線や第三軌条から電力を取り入れるための装置。
- 架線からはパンタグラフ、第三軌条からは集電靴が一般的。
- 初期の電車には棒状のトロリーポールが使われていた。

●電力を安定して集める装置

　一般に、電車は外部から電力を取り入れなければ走行できません。電車は**架線や第三軌条**(P.164参照)**から電力を取り入れる装置**を搭載しており、**集電装置**と呼ばれます。

　架線から電気を取り入れる集電装置として最も一般的なのは**パンタグラフ**です。蝶番のような関節構造を持つ枠組によって架線に触れる**すり板**を垂直方向に支える集電装置で、横から見ると菱形状または〈の字状になっています。かつては菱形状のものが一般的でしたが、現在は〈の字状の**シングルアーム式パンタグラフ**が主流になりました。

　すり板から取り入れられた電力は**枠組を通っていき、取付面部分に接続された電線へと流れます**。車両は走行中に振動を繰り返しますが、パンタグラフはヒンジのように垂直運動を行なうので、すり板は架線を追従するようになっています。

　新幹線の車両の中には、ほんのわずかな間であってもすり板が架線から離れてしまわないよう、通常1枚の板となっているすり板を何枚かに分割し、それぞれがばねの力で架線を追随する構造を持つものも使われています。

　明治時代の電車には、集電装置として**トロリーポール**が用いられていました。1本の棒でできていて、棒の先端に取り付けられた溝付きの滑車が架線に触れ、滑車が回転しながら電気を取り入れます。電車の速度が上がると架線から離れやすくなり、走行方向を変えるときはトロリーポールの向きも変えなくてはならず、現在では動態保存された電車でしか見られません。

　第三軌条を採用した鉄道では**集電靴**が使用されます。集電靴はＬ字状になっており、ばねなどの力で第三軌条に押し付けられて電力を取り入れる点が特徴です。

用語解説

すり板
架線と接触して電気を取り入れる部品。焼結合金やカーボンなどでつくられており、すり減ったら取り換えられる。すり板を装着した部品を集電舟という。

枠組
集電舟を支え、同時に垂直運動を行なえるように支持する金具。鋼鉄やステンレスなどでつくられている。

CLOSE-UP

**トロリーバスの
トロリーポールは2本**

無軌条電車と呼ばれ、ゴムタイヤをはくトロリーバスでは集電装置から取り入れた電流を車輪からレールに返すことができないので、トロリーポールが2本使われている。電力の取り入れは滑車の回転ではなく、スライダーと呼ばれる部品が架線に接触して行なう。

集電装置

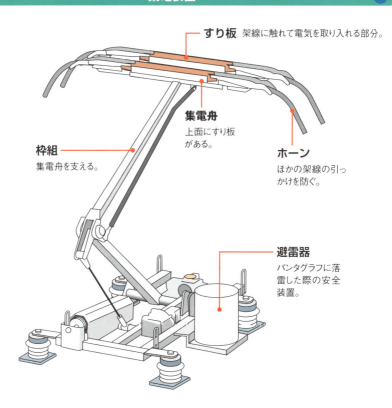

すり板 架線に触れて電気を取り入れる部分。

集電舟 上面にすり板がある。

枠組 集電舟を支える。

ホーン ほかの架線の引っかけを防ぐ。

避雷器 パンタグラフに落雷した際の安全装置。

近年一般的になったシングルアーム式パンタグラフの概略図。パンタグラフは枠組とすり板とで成り立ち、すり板を支える部分を集電舟と呼ぶ。

トロリーポール

トロリーポールは最初期に登場した集電装置。写真はアメリカで20世紀初頭に製造された電車のトロリーポール。棒の先に取り付けられた滑車は架線から離れやすく、なおかつ火花を生じさせやすいので、高速走行には向かない。

パンタグラフ

集電装置の主流はシングルアーム式パンタグラフ。菱形のパンタグラフと比べて、パンタグラフを構成する骨組み（フレーム）が少ないため、軽量化が図られる。前方投影面積が少ないので風切音も発生しにくく、上から見た面積も少ないので、雪が積もっても下がることも少ないといった長所を備える。

さまざまな電気機器に必要な電力を供給する
補助電源装置

POINT
- 電車が搭載する電気機器のほとんどは走行用の電力では作動しない。
- 電動発電装置または静止形補助電源装置で必要な電力に変えてから供給する。

●直流から交流に変え、電圧も下げられる

照明装置や空気調和機（エアコン）、空気圧縮機、信号保安装置など、電車にはさまざま電気機器が搭載されています。これらが必要とする電力は、走行用のものとは種類や電圧が異なります。そのため、架線や第三軌条から取り入れた電力を変換する**補助電源装置**が必要です。その一般的なものとしては、**電動発電装置**と**静止形補助電源装置**があります。

電動発電装置とは、架線や第三軌条から取り入れた電力から**低圧の直流、単相交流、三相交流のいずれかを電車に供給する**ための電動機と発電機を組み合わせた装置で、電動機の回転力で、必要な電力を発電します。電動機や発電機の作動音は大きく、保守にも手間を要しますが、半導体が普及していない時代には最も簡単に電力を変換できる装置でした。

近年の電車には、主に**静止形補助電源装置**が用いられるようになりました。装置の回路には半導体が使用されており、架線や第三軌条から取り入れられた電力を必要な電力に変換します。内蔵されたインバータやコンバータにより、例えば三相交流440V、交流100V、直流100Vという具合に搭載機器が必要とする複数の種類の電力を得られるようにつくられています。

電車が使用する機器が必要とする電力は年々増え、補助電源装置の能力も向上しました。かつては10kVA程度しかありませんでしたが、現在では200kVAを超えるものもあります。

そんな中、新幹線のような交流電車の補助電源装置の能力はあまり大きくありません。というのも、最も電力を消費する空気調和機や空気圧縮機には架線から取り入れた電力を主変圧器で下げ、そのまま供給しているからです。

用語解説

インバータ
直流を交流に変換する装置。

コンバータ
交流と直流を相互に変換する装置。

豆知識

照明装置
JR東日本のE233系通勤形直流電車の照明装置は、交流254Vで点灯する。この電力は静止形補助電源装置が供給する中性点付三相交流440Vの配線をそのまま使えるからである。

電動発電装置

東武鉄道8000系の床下に搭載されている電動発電機。直流1500Vから三相交流220V・60Hzを発電して容量は150kVAと、4両の電車に空気調和装置や空気圧縮機、照明装置、制御回路向けの電力を供給することができる。（写真提供：結解学）

新幹線電車の補助回路図

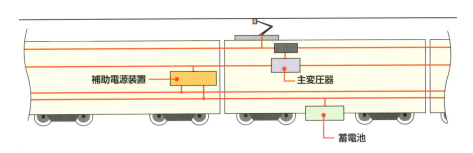

JR東日本E2系1000番台新幹線電車の補助回路図。架線から取り入れられた交流2万5000V・50Hzは屋根上の真空遮断器を経て主変圧器で交流440V・50Hzに降圧される。この電力は空気調和機や空気圧縮機に用いられ、また補助電源装置に供給されて交流100V・50Hz、直流100Vをつくり出す。これらは照明装置の点灯などに用いられるほか、後者は床下の蓄電池の充電にも使用される。

停電時にも安心 蓄電池

POINT
- 架線からの電力が途絶えても、蓄電池で最低限の機器は作動する。
- 電車を動かす能力はなく、信号保安装置や列車無線装置、非常灯を作動させられる程度。

●搭載されたバックアップ電源

　停電時にも最低限必要な電力が得られるよう、**電車は蓄電池を搭載**しています。蓄電池として一般的に用いられているものはアルカリ蓄電池です。例えば、中央線や京浜東北線などで使用されているJR東日本の**E233系**通勤形直流電車では、1時間当たり直流100V、100Aの電流を5時間にわたって取り出せるアルカリ蓄電池を10両編成中、**両端に連結されている先頭車2両の床下に搭載**しています。

　しかし、これらの蓄電池の能力では停電前と全く同じ環境を保つことはできません。停電時に近くの駅まで走行することなどは難しく、空気調和機や空気圧縮機といった消費電力の大きな装置を作動させることもできません。E233系の蓄電池の場合は、たとえ停電中であっても作動させなければならない装置である**ATSやATCといった信号保安装置や地上との交信のための列車無線装置**などに優先的に電力が用いられます。

　電車が停電したとき、車内はどうなるのでしょうか。
　空気調和機は動きませんが、車内放送装置は作動し、照明装置も非常灯は点灯します。E233系の場合、1両につき22〜24本取り付けられている蛍光灯のうち、非常灯を兼ねている2本が点灯します。

　蓄電池から取り出せる電力は直流です。充電の際は補助電源装置の直流出力が使われます。停電時に作動させる装置は直流に対応したものか、またはインバータで交流に変換して使用されます。

　東京メトロは、停電時に最寄りの駅まで電車が自力で走行できるよう大容量の蓄電池の研究を行なっています。能力や質量など課題は多いものの、実現が期待されます。

豆知識

コンデンサ

蓄電池のほか、瞬間的な停電に備えてコンデンサ（静電誘導を利用して蓄電する機器）を備える例も見られる。N700系新幹線電車の車内に設置されたコンセントは、停電時にコンデンサから電力の供給を受ける。

E233系電車

最新型の通勤形電車。つかまりやすい形状の握り棒や優先席エリアの明確化、空気清浄機の設置、座席の座り心地の改善、結露しにくいドアガラスの採用など快適性の向上が図られている。
液晶ディスプレーを各ドアの上に設け、車外の行先表示器にはフルカラーLEDを採用。車外スピーカーにより、ホームの客にも案内ができる。

蓄電池とその働き

蓄電池

東武鉄道50000系電車の床下に搭載されているアルカリ蓄電池は、1時間につき100Aの電力を5時間にわたって供給できる能力を持つ。上の写真の蓄電池1個当たりの電圧は7.2Vで、多数の蓄電池を直列につないで直流100Vを得る。

非常灯

JR東日本の485系特急形交直流電車の車内に非常灯が点灯した。上の写真のときは交流・直流双方の電化区間の境界に設けられたデッドセクションを通過中で、電車への電力の供給が途絶えることから、バックアップ用の非常灯が点灯した。

通常走行モードと非常走行モード

電車は通常走行時はパンタグラフなどの集電装置から電力を得ますが、非常時は蓄電池に充電された電力を信号保安装置や列車無線装置などに用います。これを可能にするには大容量の蓄電装置が必要になり、電車では次駅までの走行を目指す例もあります。

通常走行モード

電車に大容量のリチウムイオン蓄電池を搭載し、停電した際に蓄電池で走行可能とした電車のイメージ図。通常は架線から供給される電力によって電車は走行し、電力は蓄電池の充電にも当てられる。

非常走行モード

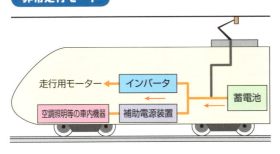

架線からの電力が途絶えた場合、リチウムイオン蓄電池に充電された電力を用いて走行する。この電力は補助電源装置にも供給され、空気圧縮機などの補機類や照明装置などを作動させることも可能だ。

圧縮空気をつくり出す
空気圧縮機

POINT
- 元空気タンクに空気圧縮機でつくった圧縮空気をためておく。
- レシプロ形、スクリュー形が多い。
- 超低床電車には空気圧縮機がないものもある。

●大多数の電車に搭載されている

　機械ブレーキである空気ブレーキを作動させるには、**約800kPa程度の圧縮空気**を常に元空気タンクに用意しておかなければなりません。その圧縮空気は、**電車の床下に搭載した空気圧縮機**でつくります。空気圧縮機は電気機器の1つで、電動空気圧縮機と呼ばれることもあります。近年の電車では、**レシプロ形**または**スクリュー形の空気圧縮機**がよく見られます。

　レシプロ形とは、取り入れた空気を**ピストンの往復運動によって圧縮**して圧縮空気をつくり出すというものです。一方、スクリュー形では、歯形でねじ形状を持つ**スクリューローターを回転させて空気を圧縮**します。どちらも作動の際に比較的大きな音を発し、床下から「コトコトコト」という音が聞こえたならレシプロ形の空気圧縮機が働いていると考えて間違いありません。

　どちらの形も、近年はオイルフリー形が主流になりました。これはピストンやスクリューローターの接触部分に潤滑油の補給を必要としないもので、圧縮比は少々落ちるものの、メンテナンスの手間を省くことができます。

　空気圧縮機でつくり出された圧縮空気の使い道は、空気ブレーキを作動させるだけではありません。**台車の空気ばね**、それから**乗降扉を開閉させる戸閉め機やワイパー（窓ふき器）**の多くも圧縮空気で作動します。路面電車のうち、床面の高さを低くした超低床電車には搭載する場所がないことから圧縮空気を使用しない車両もあります。このため、空気ブレーキの代わりに油圧ブレーキ装置かばねブレーキ装置が使用され、戸閉め機やワイパーは電気で作動します。また、空気ばね台車ではなく金属ばね台車が装着されています。

※Pa=パスカル

豆知識

圧縮空気で作動する窓ふき器

動作がややぎこちないため、近年では電動式の窓ふき器が主流になっている。

空気圧縮機の能力

JR東日本が山手線用に投入したE235形通勤形直流電車の場合、1分間に1600ℓの空気を圧縮できるレシプロ形でオイルフリー形の空気圧縮機を11両の編成中に3基搭載している。

CLOSE-UP

車体傾斜装置と空気圧縮機

電車が曲線を通過する際、車体の片方の空気ばねを膨らませて通過速度を上げる車体傾斜装置を採用した車両が増えており、空気圧縮機の重要性は増している。

空気圧縮機と除湿装置

空気圧縮機は、空気ブレーキ装置を使用する電車にとってなくてはならない装置です。

空気圧縮機

除湿装置

(写真提供：ナブテスコ)

空気圧縮機は電車の床下に搭載されている。また、大気中には水分が含まれているが圧縮空気には好ましいものではない。そのため、除湿装置を用いて圧縮空気から水分を取り除く。

空気ばね

近年は枕ばねに空気ばねを用いた車両が主流となったため、空気圧縮機の重要性は増してきた。写真は０系新幹線電車に用いられていた空気ばね。

空気圧縮機の種類

レシプロ形

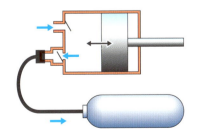

ピストンが往復することにより空気を圧縮して圧縮空気をつくり出す。

スクリュー形

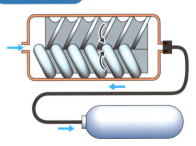

お互いにかみ合うように並べられたスクリューを回転させ、空気を圧縮するしくみを持つ。

標識や合図に用いる機器
前照灯、尾灯と警笛

POINT
- 前照灯と尾灯の正式名称は、それぞれ前部標識灯と後部標識灯という。
- 音による注意喚起を行なう機器を警笛という。
- 警笛には空気笛と電気笛の2種類がある。

●光や音で安全を守る

電車にも、自動車と同じようにヘッドライト（前照灯）やテールライト（尾灯）が設けられています。正式には**前照灯は前部標識灯、尾灯は後部標識灯**と呼び、点灯のさせ方にはさまざまな基準が設けられています。

先頭の車両が点灯させる前照灯は白色灯を用いることになっていて、**シールドビーム**、**ハロゲンランプ**などのほか、近年では青白い光が特徴の**放電灯**や**LED**もあります。日中は点灯させなくてもよく、夜間は1灯以上点灯させればよい決まりです。

最後尾の車両が点灯させる尾灯は**赤色灯**を用います。こちらも**シールドビーム**、**ハロゲンランプ**のほか、**LED**も使われるようになりました。連結したすべての車両に作動するブレーキが付いていない電車を除き、尾灯は日中に点灯させる必要はありません。夜間は大多数の路線に導入されている自動閉塞式信号（P.176参照）の区間では2個以上、そのほかは1個以上点灯させればよい決まりです。

自動車でいうクラクションは、鉄道では**警笛**といいます。電車側から何らかの合図や危険の警告を音響によって知らせる器具で、運転室付きの電車には必ず搭載されています。

警笛には、圧縮空気で作動する空気笛と電動式の電気笛の2種類があり、どちらも搭載している車両もあります。鳴らし方についての基準はどちらも同じで、**危険を警告するとき**は短くて急な警笛を数回、**注意を促すとき**は適度な警笛を1回、**接近を知らせるとき**は長くて緩い警笛を1回、**非常事故が生じたとき**は短くて急な警笛を数回に加えて長くて緩い警笛を1回、それぞれ鳴らすことになっています。

豆知識

近年は日中も点灯

電車の接近を周囲に知らせるため、JRや私鉄の多くは日中も前部、後部とも標識灯を点灯させている。

夜間に前部標識灯が点灯しなくなったら

前部標識灯は前部を照らすとともに、電車の接近を周囲に知らせるためのものだから、その代わりに懐中電灯を運転室に置いて運転してもよい。現実的には安全のために徐行運転になる。

CLOSE-UP

空気笛、電気笛の特徴

空気笛はピーと甲高く大きな音を出したり、ファーンとやわらかい音を出せることが特徴で、悪天候時、特に降雪時でも聞こえやすい。電気笛はさまざまな音色を出せる点が特徴で、音楽を鳴らしたり、上下線で音色を変えて駅員などが識別できるようにしたものもある。

前照灯と尾灯

前照灯を点灯させているJR東日本のクモハ123形電車（写真左）と尾灯を点灯させている同じくJR東日本の115系電車（写真右）。両者どちらも2灯ずつ点灯させているが、前照灯を1灯または3灯以上点灯させる電車もある。

丸型エクステンション

前照灯はこれまでシールドビームが主流だったが、近年は消費電力が少なく、寿命も長いLEDの前照灯が急速に普及している。右図は既存のシールドビームをLEDに置き換えるために設計された前照灯。消費電力は300Wから43Wへ、寿命は1年から11～13年へとそれぞれ改善された。

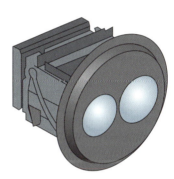

空気笛と電気笛

JR東日本の485系電車（更新前）の前照灯の上には空気笛が設けられていた。雪の浸入を防ぐためにカバーが付いており、警笛を鳴らすときだけカバーが開く。近年の電車には電気笛しか装着されていないことが多いが、国鉄時代につくられた長距離用の電車は空気笛も備えていた。

第6章 電車の機能を支えるしくみ

運転台機器

運転操作に必要な3本のハンドル

POINT
- 逆転器ハンドル、主幹制御器ハンドル、ブレーキハンドルの3つは運転に最低限必要。
- ハンドルは前後に動かすか回転させて操作する。

●運転台にあるハンドルの種類

　運転台とは、電車の運転室のうち、実際に**運転士が座って運転操作を行なう場所**です。

　運転に最低限必要なハンドルは3つあります。**電車の進行方向を変える逆転器ハンドル、加速させる主幹制御器ハンドル、速度を緩めたり、停止させたりするブレーキハンドル**です。

　逆転器ハンドルはおおむね前後に「前」「切」「後」の3段階動かせるようになっています。このハンドルを「前」に合わせれば車両を前進させることができます。車両を動かさないときや中間に連結するときは「切」、後退させるときは「後」に合わせます。

●ハンドルの操作と機器

　ブレーキハンドルは、**前後に動かすタイプと回転させるタイプ**があります。前後に動かすタイプでは、前に押せばブレーキの利きが強くなり、回転させるタイプでは時計の9時の位置から左回りに回転させるとブレーキの利きが強まります。

　ハンドルの位置は車両によって異なります。頻繁に操作するハンドルの違いから、新幹線用は主幹制御器ハンドルが右手、ブレーキハンドルが左手で操作できる位置にあります。JRの在来線や私鉄用は反対で、主幹制御器ハンドルが左手、ブレーキハンドルが右手で操作できる位置にあります。

　主幹制御器ハンドルとブレーキハンドルを一体化した**ワンハンドル**も増えました。この場合、引けば加速し、押せばブレーキが作動します。そのほか運転台には、速度計、空気タンク内やブレーキシリンダーの圧力計、架線の電圧を示す電圧計などがあります。

豆知識

運転台の形状
かつては機器が別々に置かれていたが、近年は集約され、デスク状の台にまとめられている。

新幹線のハンドル
ワンハンドルにしても運行できるが、運転士が2本のハンドルに慣れているのであえて変えていない。

運転台の全景

京阪電気鉄道7000系の運転台

- 再開閉スイッチ（何かが挟まって閉じないドアだけをもう一度開く）
- 主幹制御器（マスコン）
- ブレーキハンドル（運転士が持参して差し込むので写真にはない）
- 乗務員間通話装置
- 速度計
- 元空気だめ・ブレーキシリンダー圧力計
- 前照灯点灯スイッチ
- ワイパースイッチ
- 標識灯点灯スイッチ
- 非常通報（運転指令と連絡する）

平成元年に登場した京阪電気鉄道の通勤形電車、7000系の運転台。近年は、マスコンとブレーキハンドルが一体化された「ワンハンドルマスコン」を採用する電車が増えてるが、この運転台は古いタイプで分かれている。また、写真では見られないが、警笛は右足で踏んで操作する。

JR東日本E5系新幹線電車の運転台

- 圧力計
- 電圧計
- 窓ふきスイッチ
- モニター装置（速度計を表示）
- モニター装置
- 逆転器ハンドル
- ブレーキハンドル
- 主幹制御器ハンドル

JR東日本のE5系新幹線電車の運転台に設けられた3本のハンドル。右から逆転器、主幹制御器、ブレーキの各ハンドルが並ぶ。ハンドルの奥にはモニター装置が3台あり、電車の速度や信号をはじめ、機器の作動状況も表示される。

第6章 電車の機能を支えるしくみ

情報伝達装置

IT化の波は電車にも

POINT
- 情報技術の進歩が電車が搭載する機器を進化させている。
- 通信速度は高速で、なおかつ大容量になっている。
- 細かな制御や省エネルギー性の高い運転を実現している。

●これまで不可能だったきめ細かい制御が実現

近年の電車は、**運転室からの加速やブレーキの指令をすべて電気信号で行なうことができるようになりました**。また、何両も連結された各電車が搭載する機器の作動状況も、わざわざ足を運ばなくても運転台に設置されたモニター装置で確認でき、とても便利になっています。

反面、電車の床下の至るところに制御用の電線が張りめぐらされ、接続ミスが起きやすく、重さも相当なものになりました。

最近はインターネットなどを中心とした情報技術（IT）の進歩が著しく、多くの情報を伝えたり制御するのに、少数のケーブルや無線でコントロールできます。電車にもこうした技術が採用されることになり、運転操作に関する指令の伝達方法が大きな変化を遂げて、軽く、製造ミスの防止や保守も楽になりました。

●列車情報管理システムの導入

JR東日本には、**TIMS（Train Information Management System）**という鉄道車両のモニター装置があります。これは列車情報管理システムで、車両の力行やブレーキ、出区点検、車内空調管理、行先表示機、車内案内表示装置などを、コンピューターシステムで一括管理するものです。東京都交通局や相模鉄道でも、同一のシステムが搭載されています。

また、名古屋鉄道では**TICS（Train Information Control System）**、小田急電鉄では**TIOS（Train Information Odakyu management System）**というシステムを使っています。TIMS、TICS、TIOSなどの列車情報管理システムの内容はほぼ同じで、国際的にはTCN（Train Communication Network）と呼ばれています。

用語解説
モニター装置
電車の運転状態、故障状況などを運転台で集中監視する装置。

豆知識
TCMS
列車統合管理システムの1つ。JR東日本の「TIMS」や名古屋鉄道の「TICS」、小田急電鉄の「TIOS」などは同じようなシステムだが、鉄道事業者ごとに名称（呼称）や詳細仕様が異なる。

CLOSE-UP
新幹線の情報伝達装置
加速やブレーキのほかに車体傾斜装置の制御も行なっている。

制御伝送システム

制御伝送システムとは、運転室から電車の各装置をコントロールするための情報回路です。これまでの情報回路は、個別の機器間にそれぞれ設けられていましたが、制御伝送システムでは、電線を減らすために光ファイバーケーブルや同軸ケーブルにまとめられ、一括で制御できるようになりました。N700系新幹線電車が採用したデジタル式の制御伝送システムの概略を見てみましょう。

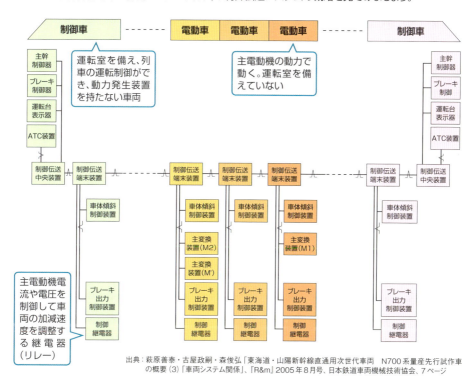

出典：萩原善泰・古屋政嗣・森俊弘「東海道・山陽新幹線直通用次世代車両 N700系量産先行試作車の概要（3）「車両システム関係」、『R&m』2005年8月号、日本鉄道車両機械技術協会、7ページ

何十本もある電線が1本の光ファイバーケーブルで集約され、さらに伝送速度も早くなった。

列車統合管理システム TCMS

列車統合管理システム（TCMS：Train Control and Monitoring System）では車両情報を統合し、制御や表示の管理をします。

TCMSでは、乗務員支援、乗客サービス、車両検査のほか、制御指令伝送やモニター機能の充実、車両システムの統合化・最適化などが可能になりました。

（写真提供：三菱電機）

column

絶縁と接地

車内にいる人たちが感電せずに済む構造

　電車には最大で直流なら1500V、交流なら2万5000Vの電気が流れています。一方で車体は電気を通しやすい金属製です。ということは、集電装置が取り入れた電気がもしもそのまま車体に漏れていたとすると、車体に触れた人間は感電してしまいます。

　そこで必要となる処理が絶縁です。絶縁とは電気を通さない物質を間に置いて電気の流れを遮断することを指します。絶縁材はそれこそ身近にたくさんあり、電線の周りを覆っているビニールや、パンタグラフと屋根との間に置かれた碍子など、絶縁材のない電車などあり得ません。

　JIS（日本工業規格）では、電車に用いる絶縁材が持たなければならない絶縁抵抗最低値、それから絶縁の状況を試験する際の電圧と時間が定められています。なかでも最も厳しいものは新幹線の架線からモーターを通ってレールに至るまでの特別高圧回路と接地との間です。絶縁抵抗最低値は20メガオームで、試験の際は4万2000Vの電圧を10分間かけて耐えられなければなりません。

　さて、電車を流れるさまざまな電気は最終的にはレールを通じて変電所へと戻ります。その際に人間に危険のないようにアースとも呼ばれる接地の技術が重要です。鉄道のほかにも、街にある電柱や鉄塔、家庭にある洗濯機にも接地が欠かせませんが、接地の考え方は国によって違い、日本の鉄道は多くの外国の鉄道とは異なっています。

第7章
線路・駅と運転のしくみ

電車の運行に欠かせない線路や駅には、
電車が円滑に運行するための工夫が施されています。
どのような構造になっているのか、
また運行ダイヤはどうなっているのかを解説します。

軌道の構造

車両を支える

POINT
- 軌道はレール、枕木、道床から成り、これらが路盤に乗っている。
- バラスト軌道、スラブ軌道、直結軌道という種類がある。
- 近年はスラブ軌道や直結軌道の採用が増えた。

●車両の荷重を分散し、路盤に逃がす

　軌道とは、線路のうち**レールと枕木**、そしてこれらを支える**道床**から構成される部分を指します。**レール**は車輪を直接支えて、誘導する金属の部材です。**枕木**はレールを支えて軌間と左右の傾きを保ち、荷重を道床などに分布させる部材です。**道床**とは、レール・枕木を支持し、負担した荷重を軌道を支える構造物である路盤へと分けて逃がす部分を指し、バラストやコンクリートなどでつくられています。**バラスト**は、砕石やふるいにかけた砂利を盛ってつくったものです。

　大きく分けると軌道には、**バラスト軌道**、**スラブ軌道**、**直結軌道**の3種類があります。

　バラスト軌道はバラストの上にレールと枕木を載せた軌道です。バラストを盛り、その上にレールと枕木を載せるだけなので比較的容易に敷設できます。レールと枕木は路盤に固定されていないので、バラストは電車が何度も通過することで崩れ、軌道もゆがんでしまいます。このため、念入りな検査と補修が欠かせません。しかし、敷設が容易でゆがみを直す整正も安価で済むため、今も軌道の主流を占めています。

　スラブ軌道とは、スラブと呼ばれるコンクリートの板の上にレールを固定した軌道です。スラブは路盤に固定され、一度敷設するとほとんど軌道にゆがみが生じませんが、長年使っていると少しずつゆがみます。敷設のコストは高いですが、普段の保守費用が低いため、新しい路線で採用されています。

　直結軌道とは、レールまたはレールと枕木を鋼橋やコンクリート、アスファルトなどに直接固定した軌道です。スラブ軌道と同様、敷設のコストが高く保守のコストが低い軌道ですが、バラスト軌道に比べ騒音や振動が大きくなる欠点があります。

用語解説

線路
電車を走らせるための通路。軌道や路盤、それからトンネルや橋梁、信号や電力を供給する架線なども含まれる。

スラブ軌道
スラブ軌道は山陽新幹線以降に建設された新幹線の主流となった。バラスト軌道に比べ、保守費用のコストは低いが、経年で少しずつ変形した軌道を直すのは容易ではないという側面もある。

CLOSE-UP

軌道構造の比率
全国の鉄道の道床全長は約4万2000km。うちバラスト軌道は約3万6000kmで約85.7%を占める。スラブ軌道は約4000kmで約9.5%、直結軌道は約2000kmで約4.8%に過ぎない。(2013年現在)

軌道の種類

バラスト軌道

軌道構造中、最も一般的に見られるのがバラスト軌道。バラストはレールや枕木から伝わってくる車両の荷重を路盤に分散することができるほか、良好に保守されていれば水はけがよく、走行音も静かである。

スラブ軌道

北海道新幹線の線路に敷設されたスラブ軌道を建設中に見たところ。コンクリート盤の上にレールを固定するスラブ軌道は敷設費用こそ高額なものの、メンテナンスの手間が当面不要なため、新幹線では標準的に採用されている。

バラスト軌道図

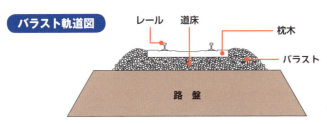

バラストの上にレールと枕木を載せている。敷設は比較的に容易でコストも低いが、検査と補修が欠かせない。

スラブ軌道図

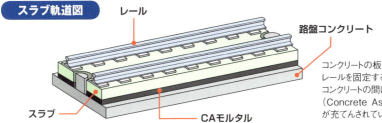

コンクリートの板（スラブ）の上にレールを固定する。スラブと路盤コンクリートの間にはCAモルタル（Concrete Asphalt Mortar）が充てんされている。

直結軌道図

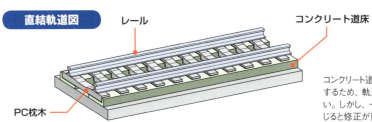

コンクリート道床などに直接締結するため、軌道狂いはほとんどない。しかし、一度軌道狂いが生じると修正が難しい。

※PC…プレストレストコンクリート。ひび割れに強く、寿命が長い。

軌間

レール頭部間の最短距離

POINT
- 軌間は線路の基本となる寸法である。
- 日本では1067mmが最も多く、次いで1435mmがある。
- 軌間が広いほど、左右の安定がよく高速で走ることに向いている。

●日本国内には8種類の軌間がある

左右2本のレール間の距離を**軌間**といいます。

JISによると、軌間は「軌道中心線が直線である区間におけるレール面上から下方の所定距離以内におけるレール頭部間の最短距離」（JIS E 1001の番号105）と定義されています。軌間を直線区間で計測するのには理由があり、曲線区間では電車の車輪が円滑に走行できるよう、**スラック**といって軌間をわずかに広げているからです。スラックはJRの在来線では6000÷曲線半径(m)で設定されており、最大で30mm、新幹線では最大で5mmです。

今日、国内の普通鉄道で採用されている軌間は、**762mm、1067mm、1372mm、1435mmの4種類**があります。

4種類の軌間の中で**最も多く見られるのは1067mm**です。JRの在来線のうち、JR東日本の奥羽線の一部区間や田沢湖線を除くすべて、及び私鉄の大多数で採用されています。次いで多いのは1435mmで、採用されているのはJRの新幹線全線、私鉄の一部です。軌間が広ければ広いほど車両が安定するので、**高速走行**に向いています。新幹線の軌間が国内で最も広い1435mmというのも納得がいくでしょう。ところが、軌間が広いと急曲線を設定しづらくなり、日本のように山がちで平野が少ない国土では不利となります。

異なる軌間を持つ軌道を接続し、互いの電車を直通させることは普通は不可能です。どうしても乗り入れを行なう必要がある際は、3本のレールを敷いてうち1本を共用する三線軌条にするか、車両側の特別な仕掛けで車輪の間隔を変える軌間可変車両（P.154参照）を用いたり、台車を交換したりします。前者はスペイン、後者はロシアの国際列車の客車で使われています。

豆知識

軌間の数値

軌間がすべて半端な数値なのはヤード・ポンド法に基づいているため。換算すると762mmは2フィート6インチ、1067mmは3フィート6インチ、1372mmは4フィート6インチ、1435mmは4フィート8.5インチとなる。

3種類の軌間を持つ鉄道会社

2種類の軌間を持つ鉄道会社は多い。しかし、3種類となると1067mm、1372mm、1435mmの路線を持つ東京都交通局だけである。

CLOSE-UP

日本の三線軌条

日本で現存する三線軌条は、JR東日本の奥羽本線・秋田新幹線の神宮寺駅～峰吉川駅、JR北海道の北海道新幹線・海峡線の新中小国信号場～木古内駅、箱根登山鉄道の入生田駅～箱根湯本駅、京浜急行電鉄逗子線の金沢八景駅～神武寺駅。

軌間の種類

標準軌、狭軌
JR東日本東北線と奥羽線との分岐点である福島駅では狭軌（写真左の4線）と標準軌（写真右の1線）とが隣り合わせに敷かれている光景を見ることができる。狭軌と標準軌との差は36.8cmあり、遠くから眺めても容易に判別できる。

三線軌条
北海道新幹線と在来線の海峡線との共用区間に敷設された三線軌条。片方のレールは狭軌と標準軌で共用し、もう片方のレールは狭軌、標準軌それぞれ専用に1本ずつ敷かれるため、3本のレールが並ぶ。

レールの間隔

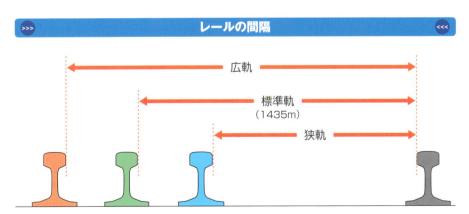

軌間は多くの種類があり、世界的には1435mmが最も多く、標準軌と呼ばれる。標準より狭い軌間を狭軌、広い軌間を広軌という。標準軌は欧米諸国の大半、狭軌は日本、南アフリカなど、広軌はインド、ロシア、スペイン、ポルトガルなどで採用されている。

レールと継目

車輪と接触し、車両をスムーズに走らせる

POINT
- レールは高炭素鋼製で、規格が定められている。
- 継目は溶接してすき間をなくすことが基本。
- レールは直線のものしかつくられていない。

● 1m当たりの質量で種類が分かれる

電車の車輪がスムーズに走行できるように誘導し、車両の荷重を支える部材を**レール**といいます。頭部と平底の底部とを一体とした高炭素鋼によってつくられ、化学成分や機械的性質がJISで厳密に定められています。

レールの種類は長さ1m当たりの質量の近似値で分けられています。軽い方から挙げると、30kgレール、37kgレール、40kgNレール、50kgNレール、60kgレールです。

レールは**直線のもの**しか製造されず、曲線区間に敷設する際は、人力またはレールベンダーというてこ状の機械で曲げます。

●レールを溶接したロングレールが用られる

近年はレールの継目をなくすために、200m以上の長さを持つ**ロングレール**が一般的になりました。しかし、最近まで輸送上の都合で25mまたは50mに切って製造されていました。鉄道会社はレールを受け取ると、工場で200m程度に溶接してつなぎ合わせ、実際に敷設する作業場所でさらに溶接してレールを長く延ばしていました。今では長いまま貨車に載せて運べるようになっています。

レール同士をつなぎ合わせる部分を**継目**といい、ロングレールが敷設できないときはやむを得ず継目板を用いてつなぎます。一般に2枚の継目板でレールの頭部と底部との間を挟み、ボルトとナットで固定します。レールは温度で伸縮するので、夏に備えてすき間を空けておかなければなりません。このため、電車が継目を通過するときガタンゴトンと音がするのです。

ロングレールの継目には継目板ではなく**伸縮継目**を用います。こちらはレールが伸縮してもすき間は生じません。

用語解説

高炭素鋼
鉄と炭素との合金が鋼で炭素の比率が高いもの。化学成分は炭素が0.63〜0.75%、ケイ素が0.15〜0.30%、マンガンが0.70〜1.10%、リンが0.030%以下、硫黄が0.025%である。

ロングレール
200m以上のレールを指す。日本最長のロングレールはJR東日本東北新幹線の盛岡〜八戸間に敷設されたもので60.4kmに達する。

CLOSE-UP

軌道の総延長とレールの種類別比率

全国の鉄道の軌道の総延長は約4万3000kmで、うち65.7%の約2万8000kmが50kgNレール、26.7%の約1万1000kmが60kgレール、5.6%の約2400kmが40kgNレール、1.8%の約780kmが30kgレールまたは37kgレールとなっている。

レールのしくみ

レール

レールは軌道を構成する部材の中で最もよく知られているものの1つ。レールには製造の履歴を明確にするために腹部に刻印やロールマークが入れられる。写真のものには「50N　LD　住友金属の刻印　1988　|||||」とあり、50kgNレール、LD転炉で製造され、住友金属（現在の新日鐵住金）製、1988年5（縦棒の数）月製を表す。

継目板、伸縮継目

レール同士を接続するには継目板を用いる。しかし、レールの伸縮を考慮してすき間を設けざるを得ず、電車が通るたびにガタンゴトンと音を立てる。ロングレールを接続するための伸縮継目はレールの伸縮に合わせて継目が延びるよう、斜めに接続されており、騒音や振動は大きく減った。

レールの断面と継目板

50kgNレール

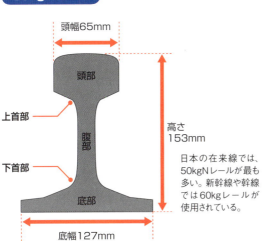

頭幅65mm、高さ153mm、底幅127mm、頭部、上首部、腹部、下首部、底部

日本の在来線では、50kgNレールが最も多い。新幹線や幹線では60kgレールが使用されている。

継目板

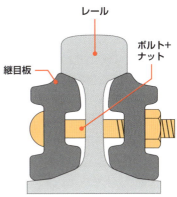

レール、ボルト＋ナット、継目板

継目板でレールの頭部と底部の間を挟み、固定する。

第7章　線路・駅と運転のしくみ

駅

電車が停車し、旅客が乗り降りする場所

POINT
- 橋上駅舎や高架駅、地下駅などが広がった。
- 最も大切な設備はプラットホームである。
- ホームドアや可動柵、バリアフリー設備の導入が進められている。

●設置の条件と形態

旅客の乗降を行なうために使用される停車場を**駅**と呼びます。駅を設置する場所は、さまざまな要因で決められます。**周辺の人口が多い場所**であるとか、**ほかの鉄道路線と接続する場所**であるといった理由で開設されます。東急電鉄東急多摩川線の一部などに残されていますが、郊外鉄道の多くの駅の原型は、踏切の脇に**プラットホーム**があり、道路とホームを数段の階段で結ぶ低コストなものでした。しかし、駅構内踏切を設けるのは危険を伴うことから、駅舎をホームや線路の上空に設けた**橋上駅舎**や、踏切自体をなくすために線路を立体交差にする、**高架駅**や**地下駅**などが広がってきました。

●駅を利用しやすくするさまざまな設備

最近は橋上駅舎に**自由通路**をつくり、駅の設置によって人の流れが妨げられないよう工夫されることも多いです。旅客が電車の乗り降り・乗り換えの際に利用するプラットホームは、電車を連結した両数分の長さを備え、幅も一定の基準以上である必要があります。さらに、電車の**床面の高さ**または**ステップ**と呼ばれる踏み段の高さと、できる限りそろえなければなりません。

また、曲線のプラットホームを設置した場合は、プラットホームの端とすき間が広くなってしまい、転落事故が起こることもあります。それを防ぐために、可動式ホームやすき間を埋める部材などの開発が行なわれています。さらに、プラットホームの端には、電車と利用者の接触を防ぐため、電車が停車したときだけ開く、ホームドアや可動柵の設置が進められています。橋上駅舎や跨線橋とプラットホームとの間には階段やエレベーターやエスカレーター、スロープが設置されています。

用語解説

コンコース
通路が交差する場所や大通路。

豆知識

プラットホームの長さ
ホームの長さは、その駅に停車する最も長い列車に合わせる。

ホームドアや可動柵を設けていないプラットホームの幅
プラットホームの両側に電車が発着するときは中央部を3m以上、端部を2m以上とし、片側に電車が発着するときは中央部を2m以上、端部を1.5m以上とする基準がある。

プラットホームと電車とのすき間の基準
普通鉄道構造規則には「できる限り小さくしなければならない」とあり、具体的な数値はない。

旅客駅の形態

旅客の乗降を行なうための駅には、さまざまな形態があります。下記はその一例です。

道路とホームを階段で結ぶ駅

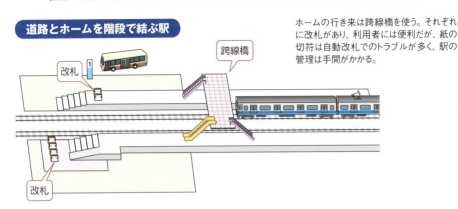

ホームの行き来は跨線橋を使う。それぞれに改札があり、利用者には便利だが、紙の切符は自動改札でのトラブルが多く、駅の管理は手間がかかる。

自由通路がある橋上駅

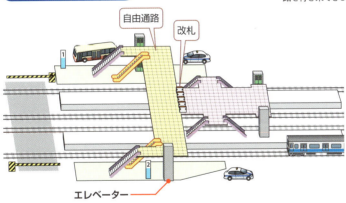

自由通路があるので、踏切を渡らなくても道路を行き来できる。

改札が地上1カ所で、ホームへは跨線橋を渡る

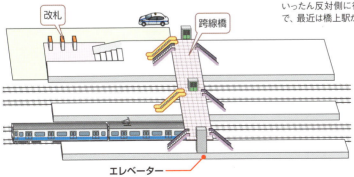

改札が1カ所なので、跨線橋で移動する。改札がない側の利用者は、別の跨線橋でいったん反対側に行かなければならないので、最近は橋上駅が主体になっている。

駅の配線

線路の数や配列方法によって決まる

POINT
- 線路やプラットホームの配列を配線という。
- 駅の配線は単線、複線、複々線で異なる。
- 複々線には方向別と線路別の2種類がある。

●行き違い可能な駅や複線の駅の配線

　線路やプラットホームの配列を**配線**といいます。電車が走る線路の大多数は**単線、複線、複々線**の3種類のいずれかです。駅はこうした線路にプラットホームを設けた構造を持つほか、**単線区間の行違駅、ターミナル、分岐駅、待避駅、通過駅**といった性質に合わせて線路やプラットホームの配置が異なります。

　行き違いが可能な単線の駅や複線にそのままプラットホームを設けた駅の場合、プラットホームの配列の仕方は2種類です。プラットホームを**2本の線路の内側に置いた場合を島式、外側の場合を相対式**といいます。

　ターミナルはすべての電車が折り返す駅です。線路の数が多いほど折り返し時間が長く取れるので、乗り降りに時間のかかる混雑時に有利です。線路の両側にプラットホームを設置し、乗車と降車を分ける例も大手私鉄では一般的といえます。

●複々線は線路別、方向別で利便性が分かれる

　分岐駅や待避駅では、乗り換えが多い方向同士や同じ方向に進む電車同士を同一のプラットホームの両側に発着させることが理想です。私鉄の待避駅ではこの原則はほぼ守られていますが、JRでは必ずしも守られておらず、乗客は跨線橋などを経由してほかのプラットホームに行かなければいけません。その解決策として、**線路の両側にプラットホームを置き、両側の扉を開けた車両内を乗客に通過させる**ケースもあります。

　複々線には、電車の方向別に2本ずつ並べた**方向別複々線**と電車の種別ごとに複線を並べた**線路別複々線**があります。方向別複々線の場合、同じ方向に行く列車同士の乗り換えは同一のプラットホームなので、利用者にとっては便利です。

用語解説

待避駅
急行などの速達列車が、各駅停車などの列車を追い越すための設備（待避設備）がある駅。

 豆知識

島式の特徴
駅員の事務室や売店を1つにまとめることが可能。複線の場合、駅の前後に曲線が必要となる。電車の連結両数の増加に応じてプラットホームの長さを伸ばすことは難しい。

相対式の特徴
複線の場合、駅の前後に曲線を設けなくても済む。電車の連結両数の増加に応じてプラットホームの長さを伸ばすことも容易。

プラットホームの配置の種類

島式ホーム

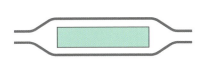

プラットホームを2本の線路の内側に置くパターン。

島式ホーム（待避線あり）

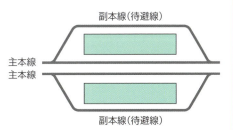

島式ホームに待避線が設けられたパターン。
私鉄の待避駅の標準パターン。

相対式ホーム

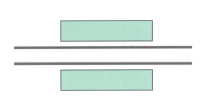

プラットホームを2本の線路の外側に置くパターン。

相対式ホーム（待避線あり）

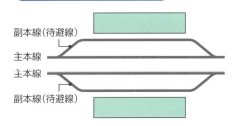

相対式ホームに待避線が設けられ、4本の路線が並ぶ。
新幹線の駅に多く見られる。

複々線の種類

方向別複々線

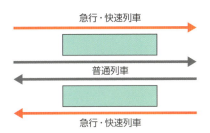

電車の方向別に2本ずつ並ぶ。普通列車と快速・急行との乗り換えがスムーズ。折り返しがある普通列車用が内側の例が多いが、逆の場合もある。

線路別複々線

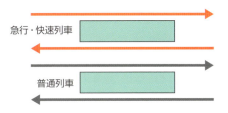

電車の種別ごとに複線が並ぶ。普通列車から快速・急行へ乗り換える際や、その逆も別のホームに移動しなければならない。

線路が曲がるところ、分かれるところ
直線・曲線と分岐器

POINT
- 山がちな日本では曲線が多くなることは避けられない。
- 曲線をスムーズに通過できるように緩和曲線とカントが必要。
- 分岐器は軌道を2つ以上に分ける。

●曲線で生じる遠心力をカントが緩和する

線路には直線と曲線があり、直線では電車は最高速度で走行できますが、曲線ではその度合いによって速度を落とさなければなりません。**曲線の度合いは半径で表し、半径が小さくなればなるほど曲線はきつくなります。**

曲線をスムーズに通過するための工夫には**カント**があります。カントとは、**2本のレールの外側と内側との間に設けた高低差**で、外側のレールの位置を高くすることで、電車に乗っている人が感じる遠心力を和らげます。しかし、曲線で電車が停止したときに備えて、カントは本来必要な量よりも少なくしがちなため、速度制限が必要になります。曲線をスムーズに走行するために開発された技術としては、車両に備えられた**振子装置**や**車体傾斜装置**もあります(P.74参照)。

●ポイントとも称される分岐場所

分岐器とは、軌道を2つ以上に分ける軌道の構造物です。2つに分ける分岐器には、直線の軌道から左側または右側へ曲線を描いて分かれる**片開き分岐器**、左右両側に等角に分かれる**両開き分岐器**、直線の軌道から左右両側に不等角に分かれる**振分分岐器**、曲線区間に設けられる**曲線分岐器**の4種類があります。

片開き分岐器で、直線の軌道と、分かれた軌道との角度を表わす量で、直線から1m離れるまでの距離をメートル単位の整数値で表したものを**番数**と呼び、**番数が大きくなるほど制限速度は高くなります。**各分岐器では両方の線路にそれぞれ制限速度が設けられています。海外の鉄道では、片開き分岐器の直線側には速度制限がない例も多く見られます。

 豆知識

曲線の制限速度の一例
半径800mで90km/h、600mで85km/h、500mで80km/h、400mで70km/hなど。

片開き分岐器の制限速度の一例
12番で45km/h、16番で60km/hなど。

両開き分岐器の制限速度の一例
12番で60km/h、20番で90km/hなど。

分岐器の制限速度
分岐器にはカントを設けないため、同様の半径であっても曲線よりも制限速度は低め。

分岐器の分類

分岐器は、軌道を2つ以上に分けます。圧倒的に多いのが2つ、わずかながら3つという分岐器もあります。

片開き分岐器

直線の軌道で、1軌道が右か左に分かれる。

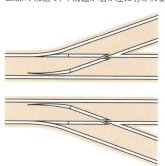

両開き分岐器

直線の軌道で、左右対称に分かれる。同じ番数ならば、曲線は緩いため、速く走れる。

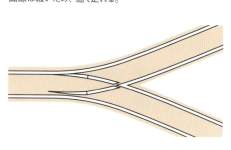

緩和曲線

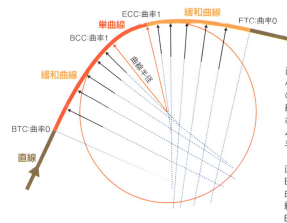

直線から曲線に移行する際、急激な遠心力が作用し、横圧の変化と乗り心地の悪化が生じる。それらを防ぐため、直線と曲線の間をつなぐ緩和曲線が挿入され、この区間で次第にカントを増してスムーズに運行できる。単曲線は、同一の半径で構成される曲線。

直線から緩和曲線に移る始まりの箇所をBTC、単曲線との接続部分をBCC、単曲線から緩和曲線に移る終端をECC、緩和曲線から直線に戻る最後の箇所をETCと表す。

スラックとカント

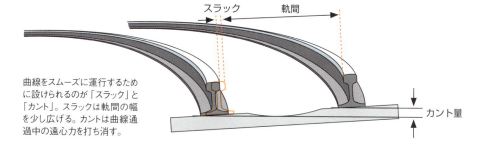

曲線をスムーズに運行するために設けられるのが「スラック」と「カント」。スラックは軌間の幅を少し広げる。カントは曲線通過中の遠心力を打ち消す。

山国である日本ならではの工夫
勾配と車両性能、列車速度

POINT
- 電車が勾配区間を登ると、勾配抵抗を受ける。
- 勾配の度合いはパーミル（千分率）で表す。
- 勾配区間の克服方法にはスパイラル線やスイッチバックがある。

●電車が単独で走破できる最急勾配とは

　平地が少ない日本では線路に勾配はつきもの。明治初期の鉄道開業以来、日本の鉄道は勾配との戦いに終始しました。

　勾配の度合いを**パーミル**といい、水平方向に1000m進んだ際の高低差で表します。今日の日本の鉄道で歯車やロープなどの助けを借りずに電車が自力で登ることのできる勾配は**約80パーミル**です。新幹線では短い距離で35パーミルが許容されていますが、北陸新幹線には長い30パーミルの区間があります。

　電車が勾配区間を登るときには**勾配抵抗**の影響が避けられません。勾配抵抗の計算方法は、車両の質量（t）に勾配（パーミル）を乗じます。すると重量キログラムを単位とする数値が求められるので、0.098を乗じればkNに換算された値を求めることが可能です。例えば、質量が40tの電車が20パーミルの勾配を登ったときの走行抵抗は78.4kNとなります。

　勾配を克服するために施された工夫の中で代表的なものに、**スパイラル線（ループ線）**と**スイッチバック**があります。

　スパイラル線とは円を描くように一回りした線路を敷いて勾配を克服する方法です。直線で一気に結ぶよりも距離は延びてしまいますが、その分、勾配が緩和されて電車のスピードが上がれば結果的に運行時間の短縮にも結び付きます。

　スイッチバックとは、途中で折り返しながら坂を登ったり、下りたりする方法です。勾配区間の途中に駅がある場合、いったん停止してしまうと再発進が難しいため、平坦区間に敷いた折り返し線に入り、続いてやはり平坦区間に敷かれた駅に停車することとしました。しかし、スイッチバックは何度も進行方向を変えるため時間を要します。

 豆知識

80パーミルの勾配
箱根登山鉄道線に存在する。運転方向を変えるスイッチバックが3カ所ある。

普通鉄道の最急勾配
普通鉄道では大井川鐵道井川線に90パーミルの勾配が存在し、2本のレールの中間に敷かれた歯軌条（ラックレール）と車軸に装着された歯車とをかみ合わせて走る。

鋼索鉄道（ケーブルカー）の最急勾配
高尾登山電鉄に608パーミルの勾配がある。日本の最急勾配で、傾斜角度は31度にも達する。

スパイラル線（ループ線）

JR東日本上越線の上り線の土合から湯檜曽に下るスパイラル線。第二、第一の湯檜曽トンネルを通って一周することで50mほどの標高差を20パーミルの勾配で克服することができた。下り線は低い位置に、新清水トンネルを掘ってスパイラル線なしにしたため、土合駅は深い位置になった。

出典：国土地理院の地理院地図を掲載

スイッチバックのしくみ

勾配を克服するのに欠かせないものが、途中で折り返しながら坂を登ったり下ったりするスイッチバックです。X字形とY字形の2種類があり、列車は下図に記載した数字の順に動きます。

X字形
左側の駅に入った後、進行方向を変えて奥の平地に入り、また反転して坂を登る。

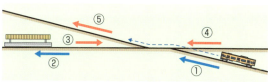

※通過列車は①から⑤に直行する。

Y字形
左側の駅に入った後、列車は進行方向を変えて右へ直進する。列車の向きが反転する。

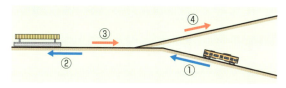

JR西日本木次線の出雲坂根駅に設けられたスイッチバック。駅は30パーミルの勾配の途中にあり、そのままではいったん停止してしまうと再発進が極めて難しい。このため、駅は平坦区間に置き、列車をジグザグに走らせることによって勾配を克服した。この写真の例はY字形だが、右側の線路を登った先にはもう一つY字形があり、結局進行方向は同じになる。

列車種別とダイヤ

どのような種類の列車をどのような間隔で走らせるか

POINT
- 緩行列車だけを運転する路線は増発が可能だが所要時間が長い。
- 郊外鉄道では優等列車と緩行列車を組み合わせている例が多い。
- ダイヤの設定には線路の配線も関係する。

●地下鉄などに多い緩行列車

通勤や通学などのために用いられる電車が効率的な輸送を実施するうえで大切なことは、**列車の種別を決め、列車の運転順序を定めたダイヤをどのように設定するか**という点です。

列車の種別には、**途中駅を通過する優等列車と各駅に停車する緩行列車**があります。地下鉄など都心部の鉄道で比較的少ない駅間を移動する乗客が多い鉄道では、すべてを緩行列車にするケースが多く、大都市やその郊外など多くの駅間を移動する乗客が多い鉄道では、急行などの停車駅が少なくて速い列車を組み合わせるダイヤが用いられます。

●優等列車と緩行列車を運転するには

都心部と郊外を結ぶ鉄道は比較的距離が長いため、優等列車が設定されているケースがあり、ダイヤは主に3通りあります。**緩急結合型**は優等列車が停車する駅で緩行列車が待避して待つダイヤで、相互に乗り換えられるので便利ですが、利用者はできるだけ早く目的地に到達したいと考えているので、一般的には優等列車が混雑しがちです。**緩急分離型**は優等列車が通過する駅で緩行列車が待避するダイヤです。これには、設備不足で乗り換えができないケースと、JRの特急と通勤電車のように、輸送目的が違うために乗り換えを想定していないケースがあります。**地域分離型**は、路線をいくつかのゾーンに分け、それぞれのゾーン内は各駅に停まり、その後は都心まで直行したり、少数の駅のみに停まるダイヤです。遠距離客向けに快速急行、中距離客向けに急行、近距離客向けに区間急行、準急などと呼ばれる例があります。これらは利用者の動向、待避線などの配線の状況に応じて選ばれます。

CLOSE-UP

線路の配線に左右される複々線のダイヤ

優等列車と緩行列車の乗り換えが容易な方向別複々線では、緩急結合型のダイヤが多い。一方、優等列車と緩行列車の乗り換えが容易ではない線路別複々線では、用途にかかわらず緩急分離型になってしまい、便利とはいえない。

それぞれのダイヤのパターン

縦軸が距離、横軸が時間を表し、列車の動きが斜めの線で示されています。
斜めの線が急であるほど、列車は速く走っていることになります。

普通列車のみのダイヤ

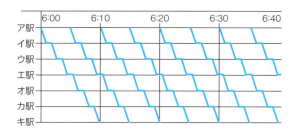

すべての列車の性能が同一で、駅での停車時間なども同一の場合、ダイヤは並行線になる。ア駅〜キ駅まで、ほぼ均等に乗降がある場合に有利。

普通列車と急行列車を組み合わせたダイヤ

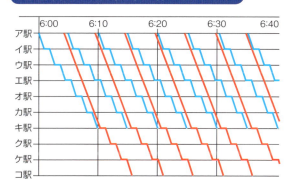

ア駅〜キ駅までが急行列車で、キ駅〜コ駅までが緩行列車の場合。ア駅とキ駅〜コ駅間の所要時間が短くなる。

阪神電気鉄道の電車

多くの鉄道事業者では、通勤電車には優等列車も緩行列車も同様な設備、性能を持つ電車が用いられている。一方で、緩急結合型のダイヤを採用する阪神電気鉄道では、優等列車と緩行列車の車両を区別しており、緩行列車用の電車は加速、減速性能を高めて、短い距離の駅間での運転時間短縮を実現している。優等列車は1000・8000・9000・9300系が、緩行列車には5000・5500・5700系がそれぞれ用いられる。阪神電気鉄道の緩行列車用の電車のうち、5000系はジェット・カーと呼ばれ、加速度が1.25m/s^2（4.5km/h/s）、減速度が1.39m/s^2（5km/h/s）で、国内最高水準にある。（写真提供：阪神電気鉄道）

電車の運行形態と直通運転
ほかの鉄道会社の路線に電車が乗り入れる

POINT
- 長距離の直通運転は、利用者にとって便利なだけでなく、鉄道会社にもメリットがある。
- 都心部を走る地下鉄と大都市郊外を結ぶ路線の相互直通運転が増加。

●長距離の直通運転の代表例は新幹線

　電車の基本的な運行形態とは、鉄道会社の営業エリアを、その鉄道会社が所有する電車が行き来するというものです。しかし、多数の鉄道会社が存在する日本では、電車がほかの鉄道会社の路線に直通すれば利用者にとって便利になるとの観点から、直通運転が各地で盛んに行なわれるようになりました。

　直通運転は2つの形態に分けられます。**長距離を走る電車が他社に乗り入れるケース**、そして**大都市の通勤電車が他社に乗り入れるケース**です。

　長距離を走る電車が行なう直通運転の代表例としては、JR各社の新幹線が挙げられます。例えばJR西日本の新幹線の電車はJR東海の東海道新幹線、JR九州の九州新幹線、JR東日本の北陸新幹線への直通運転を実施しています。一方で、JR西日本の山陽新幹線や北陸新幹線にはJR東海、JR九州、JR東日本の各社が所有する新幹線の電車が乗り入れており、このような運行形態は**相互直通運転**と呼ばれます。

●地下鉄と通勤路線の乗り入れは一般的

　大都市の通勤電車が他社に乗り入れるケースでよく見られるのは、**都心部を行く地下鉄と大都市の郊外へ向かう通勤路線の直通運転**です。近年はとても盛んで、多くのケースで相互直通運転が行なわれています。

　地下鉄と通勤路線の直通運転は**利用者が便利になる**だけではありません。郊外に向かう通勤路線の鉄道会社の場合、直通運転を実施することにより、**地価の高い大都市のターミナルを拡張せずに済みます**。しかし、相互直通運転となると、性能面や操作方法といった電車の規格をそろえる必要が生じます。

豆知識

世界初の地下鉄と通勤路線との相互直通運転

1960（昭和35）年12月4日に東京都交通局1号線浅草線と京成電鉄の間で行なわれた。京成電鉄は相互直通運転に際し、全線の軌間を1372mmから1号線浅草線の1435mmへと改めている。この方式は世界へと広まった。

自社内を走る距離と他社内を走る距離

2013年度の実績では、全鉄道事業者について自社の電車が自社の路線を走った距離は約72億km、自社の電車が他社の路線を走った距離は約9億kmであった。

相互直通運転を行なう電車

他社の路線に乗り入れる電車は、その寸法や特性を他社の電車に合わせる必要がある。そのため、他社の路線用の信号保安装置なども搭載しなければならない。

相互直通運転の例

長距離を走る電車の場合

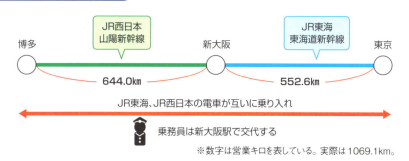

地下鉄と郊外に向かう電車の場合

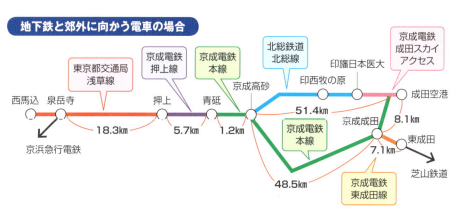

浅草線

成田スカイアクセス

※ 浅草線西馬込駅と北総線印西牧の原駅・印旛日本医大駅の間を結ぶ列車は、京成高砂駅でも乗務員が交代する。押上〜京成高砂間は京成電鉄の乗務員が、京成高砂〜印西牧の原・印旛日本医大間は北総鉄道の乗務員がそれぞれ担当する。

※ 東京都交通局の電車は通常、京成電鉄本線京成成田〜成田空港間・成田スカイアクセス印旛日本医大〜成田空港間・東成田には乗り入れない。

電車や乗務員が帰る場所
車両基地と乗務員基地

POINT
- 電車の留置、検査、修理を行なう場所を車両基地という。
- 乗務員が出勤し、乗務に向かい、乗務後に戻る場所を乗務員基地という。
- 運転士と車掌は、同じ乗務員基地に配属されているとは限らない。

●電車を良好な状態に保つ車両基地

　日々の営業運転を終えた車両は、常に良好な状態に保つために検査や修理が行なわれます。鉄道会社の多くは車庫と検査や修理を行なう場所を併設し、これを**車両基地**と呼びます。

　車両基地でまず目につくのは、電車を留置しておく**留置線**と呼ばれる線路です。車庫に当たるものですが、多くの鉄道会社の留置線には屋根が設けられていません。ただし、豪雪地帯にある留置線には屋根付きのものもあります。

　多くの場合、屋根付きの広大な建物は、**電車の検査や修理を行なう検修庫と呼ばれる施設**です。検修庫では電車の検査や修理を行なえるようになっており、電車は検修庫までレールの上を通って運ばれた後、検査や修理の内容に伴って検修庫内の所定の場所に移動していきます。大がかりな検査や修理を行なう際には車体をクレーンで持ち上げ台車を車体から切り離し、それぞれを別の工程で実施するケースが一般的です。

●乗務員基地には宿泊設備がある

　電車に乗り込む乗務員が日常的に出勤し、乗務に向かい、乗務を終えたら戻る場所が**乗務員基地**です。

　鉄道会社によって乗務員基地の形態はさまざまです。運転士と車掌が同じ乗務員基地に配属されていることや、それぞれが異なる乗務員基地に配属されていることがあります。また、電車は早朝や深夜も運転されるため、乗務員の勤務が泊まりがけになることも頻繁に発生します。このため、乗務員基地には寝室や浴室といった**宿泊設備**も用意されています。寝過ごさないよう、指定の時間になったら、ベッドに敷いた空気枕が盛り上がり、体が弓なりになる起床装置も採用されています。

CLOSE-UP

車両基地の線路

折り返し待ちや夜間滞泊の車両を留置する線路を留置線、列車の編成を組み替えるときなどに用いる線路を仕訳線、列車の折り返しや留置線・仕訳線などに車両を出し入れする際に、その入れ替え作業に利用する線路を引上線という。

車両基地

車両基地では、電車の留置、検査、修理が行なわれます。下図は東京メトロ綾瀬車両基地です。

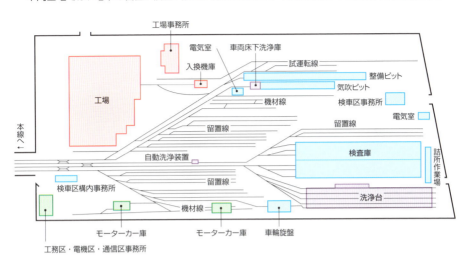

東京メトロの上野車両基地

銀座線の上野車両基地は2層式になっていて、地上車庫の真下にほぼ同じ大きさの地下車庫があります。また、地上部には地下鉄では珍しい踏切があります。

地上車庫

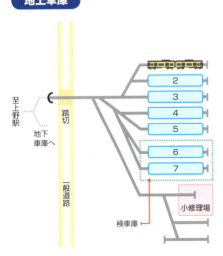

地上部には踏切がある。汚れた車両を洗うための洗浄線や車両の検査を行なう検車庫、車両を留めておくための留置線がある。

地下車庫

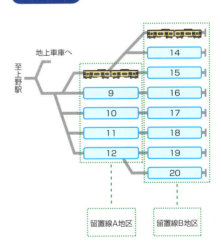

地下車庫はA地区とB地区に分かれている。大きさは地上車庫とほぼ同じくらい。

column

フリーゲージトレイン

車輪を動かして異なる軌間を直通する

　軌間が1435mmの新幹線の列車は、軌間が1067mmのJRの在来線にそのまま乗り入れることができません。そのため、山形新幹線や秋田新幹線ではJRの在来線の軌間を新幹線のものに合わせることで、新幹線の列車の在来線への直通運転（新在直通）を実現しています。また、北海道新幹線の一部の区間では三線軌条を採用することで、新幹線の列車と在来線の列車が同じ路線を走っています。一方、軌道には手を加えずに車両側で異なる2つの軌間に対処する方法も考案されました。独立行政法人鉄道建設・運輸施設整備支援機構（鉄道・運輸機構）が現在開発を手がけている軌間可変車両、通称フリーゲージトレインです。

　フリーゲージトレインの最大の特徴は車軸にあります。車軸は外筒と中筒の二層構造になっていて、車輪と一体化されている中筒が外筒の内部を左右に動くことで軌間を変えられるようになっているのです。

　実際に軌間を変更する際には、異なる2つの軌間との間に設けられた軌間変換装置を使用します。変換は、軌間変換装置にフリーゲージトレインが進入すると、台車の軸受を収めた軸箱が支持レールに支えられ、車輪は浮いた状態となります。と同時にロックが解除され、軌間が広くなったり狭くなったりするガイドレールに沿って車輪が動き、中筒がスライドするのです。

　最後にロックをかけて軌間の変換は終わり、この間の所要時間は約3分です。

　フリーゲージトレインは2022年に開業予定の九州新幹線長崎ルートに導入されると発表されましたが開発が遅れ、JR九州は武雄温泉駅で乗り換える「リレー方式」を提案しました。一方、JR西日本は北陸新幹線敦賀延伸後に在来線への直通運転を考え、耐雪・耐寒構造を施したフリーゲージトレインの開発に取り組んでいます。海外に目を向けると、在来線が1668mm軌間のスペインが1435mm軌間の欧州各国へ乗り入れるため、1968年に軌間可変客車「タルゴ」を運行しました。近年は1435mm軌間で建設された自国の高速鉄道との直通用に軌間可変機構を備えた機関車を連結した「タルゴ」や電車方式の軌間可変車両も数多く活躍しています。

電気を届けるしくみ

電車に電気を届けるためには、さまざまな方法が使われています。
地下鉄では架線を使わず、
第3のレールに電気を流すなどの方法もあります。
この章では、それらのしくみについて解説しましょう。

電車を走らせるための電気
電化方式

POINT
- 直流と交流、それぞれに電圧の違いがある。
- 交流には2種類の周波数がある。
- 沿線への影響を考慮して電化方式を決めることもある。

●直流で始まった電化

もともと鉄道車両の**主電動機は直流電動機のみ**でした（P.76参照）。電車へ供給する電源が直流だと車両側で交流から直流へ変換する必要がないため、機器をシンプルにすることができます。このような背景から、電化は直流で始まりました。

直流電化の初期は、架線電圧は600V以下でしたが、送電線や架線での電圧降下を抑えるには電圧が高い方が有利なので、**現在は1500V**が主流になっています。ただし、車両が小型の路面電車や地方鉄道、第三軌条（P.164参照）の場合などには、今も600Vや750Vがあります。

●戦後に実用化された交流電化

直流電化は、日本では1500Vが架線電圧の上限になっていますが、**交流ではもっと高い電圧にできます**。1955年から当時、国鉄の仙山線で交流電化の試験が行なわれ、1957（昭和32）年7月に仙山線で、10月に北陸本線で実用化されました。日本の商業電流の周波数は**東日本が50Hz、西日本が60Hz**ですが、交流電化の周波数もこれと同じ範囲で2つの周波数を使い分けています。**東海道新幹線は全線が60Hzで、北陸新幹線は高崎から金沢に至る間に周波数が50Hz→60Hz→50Hz→60Hzと切り替わります。**

特殊な条件の例として、JR常磐線が挙げられます。沿線の茨城県石岡市に地磁気観測所があり、直流電化が発する磁界が影響を与えるので、常磐線は取手以北が交流で電化されました。また、JR水戸線、つくばエクスプレスの守谷以北も、同様の理由で交流電化になっています。

用語解説

磁界

磁力が及ぶ空間のことを磁界といい、直流が近くを流れると、その電流に応じて一定の磁界が発生する。

豆知識

地磁気観測所

地磁気観測所は1913年から現在まで稼動し、地磁気を高い精度で定常的に測定している、国際的にも重要な地球観測施設の1つ。この近くの路線を直流電化すると、測定に影響が生じる可能性がある。

主なJR在来線の電化方式

主なJR在来線（一部の第3セクター鉄道を含む）の電化方式を表しています。
赤色が交流区間、青色が直流区間を表しています。

電圧が異なる直流電化と交流電化

架空電車線（架線）をつる部分を絶縁する、白い碍子の形状が直流電化と交流電化では異なります。
交流電化の方が電圧が高いので、より強い絶縁性が必要で、碍子が多く長くなります。

国鉄485系電車

国鉄の初期の交直流電車は、交流では50Hzか60Hzのいずれかにしか対応できなかったが、その後両方に対応できるものが登場した。左の写真はその代表例である特急型の485系。

発電所でつくられた電気を変換する
変電所

POINT
- 発電所でつくった電気は変電所を経由して架線に供給される。
- 発電所では高圧の三相交流がつくられる。
- 直流電化の方が多くの変電所を必要とする。

●電化方式に合わせた仕様の変電所

　電車が使う電気は発電所でつくられますが、そのまま架線に流すわけではありません。発電所では高圧の**三相交流の電気**がつくられ、変電所で適切な電圧に変換されます。変電所を電源とし、車両への電気が流れる回路を**き電回路**といい、その構成は電化方式によって異なります。

　直流電化の場合、変電所では発電所から送られた電流を、変圧器でいったん三相交流の1200Vに変換し、さらに整流器で**直流1500V**にします。また、電池を並列につないだ回路と同じように、直流電化では1つの区間に複数の変電所の電源を並列につないでき電しています。

●変電所を少なくできる交流電化

　交流電化における変電所では、発電所から送られた三相交流を特殊な結線の変圧器で2組の単相交流にし、**在来線の場合は2万V、新幹線の場合は2万5000V**に変圧して、変電所から上下方向に分けて**き電**します。一般に電車へき電する変電所は、交流電化では1つに限られます。交流の場合、複数の変電所の電流が同時に流れると、位相が一致せず、双方の間に流れる電流が発生してしまうからです。そのため、ある変電所と隣の変電所が電気を供給する範囲の境界には、互いに電気的に絶縁した部分（**セクション**）が設けられます（P.162参照）。交流電化の場合は高圧なので電圧降下が小さく、変電所を設置する間隔を直流電化より長くすることが可能で、**地上設備のコストを低く**できます。ただし、車両では交流電化の方がコストが高いので、列車の運転密度などの条件により、トータルコストではどちらが有利かが変わります。

用語解説

三相交流
3本の電線にそれぞれ交流電流を送電する方式。位相は相互に3分の1周期ずつずれている。

位相
位相とは周期的な運動をするものが、一周期内のどのタイミングでいるかを示す量。

豆知識

誘導障害
交流電化では交流電流を使用することに関連し、沿線の通信に電気的雑音（ノイズ）が生じるケースがある。電気回路として直接つながっていない所に悪影響を及ぼすことを、誘導障害という。また、直流電化でもインバータなどが誘導障害を起こすこともあり、新型車開発時にはテストを実施して影響が許容範囲であることを確認する。

電源供給

発電所で作られた電気が、変電所を通してどのように供給されるのか見てみましょう。

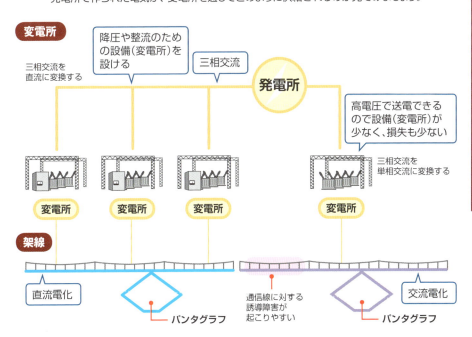

指令所（司令所）から遠隔操作する変電所

規模の大きな鉄道会社では、電気関係の設備を指令所（司令所）で一括管理している。左の写真は西武鉄道の電気司令で、変電所、信号機、照明などの状況がリアルタイムに表示され、変電所の様子もモニターで見ることができる。

TRAIN COLUMN

JR東日本の発電所

鉄道が使う電力は電力会社から供給されるものだけではなく、自前の発電所から供給されるものもあります。JR東日本は信濃川の3カ所に水力発電所を持ち、そこで発電した電気が全社の総使用電力量の約25％を占めています。また、神奈川県川崎市には川崎火力発電所もあり、これを合わせると総使用電力量の約60％を自前の発電所から供給できることになります。

き電線と電車線

電気を流して電車に供給する

POINT
- き電線は電車線に電力を供給する電線のことを指す。
- 電車の集電装置に直接接して電力を供給する電線をトロリー線という。
- 現在はカテナリー吊架式が一般的。

●変電所と電車線を結ぶき電線

　線路の上空に張られた電線は、電車の運転に欠かせない設備です。電車の集電装置（多くはパンタグラフ）と接触するトロリー線、トロリー線を張る吊架線、トロリー線と並行して設けられるき電線があり、それらを総称して**電車線**といいます。

　変電所で電車の走行に対応するよう変換された電気は、き電線に供給されます。変電所とトロリー線を直接結ぶき電方式は、大きな電力を消費する電車が走行する場合には電車線の電圧が降下することから採用されていません。また、き電線は、直流においては電圧降下（回生時は上昇）を防ぐため、交流ではこのほか通信誘導障害を減らすための役割を担っています。

　き電線には銅またはアルミニウムの電線が用いられ、き電されている電力の種類が**直流の場合は２本、交流の場合は１本**用いられるケースが一般的です。

●カテナリー吊架式が一般的

　電車線のうち、電車の集電装置が接触する電気導体は銅合金製の**トロリー線**です。トロリー線の吊架方式のうち、トロリー線だけで成り立っているものを直接吊架式といいます。構造が単純ですが、緩みが大きく、速度の遅い路面電車などでしか見られません。

　今日では、吊架線と呼ばれるより線でトロリー線をつり下げる**カテナリー吊架式**が一般的です。よく見られるものは、１本の吊架線でトロリー線をつり下げる**シンプルカテナリー式**、吊架線の下に延ばした補助吊架線でトロリー線をつり下げる**コンパウンドカテナリー式**、吊架線にき電線の役割を持たせた**き電吊架線方式**です。

CLOSE-UP

トロリー線の断面形状

断面形状は、円形の中間に２カ所溝を設けた溝付きが普通。

シンプルカテナリーの形状

吊架線にはハンガーと呼ばれる逆U字型の金具がつり下げられ、その先にイヤーと呼ばれるクリップ状の金具を付ける。イヤーでトロリー線を挟んで保持する。

コンパウンドカテナリーの形状

補助吊架線はドロッパーによって吊架線につり下げられる。ドロッパーは上下端のクリップ、クリップ間のワイヤーで構成され、クリップで吊架線や補助吊架線を挟んで保持する。

トロリー線の吊架方式の種類

直接吊架式

トロリー線を短い吊架線を用いてつったもので、垂れ下がって水平にならない。路面電車など低速で運転する路線で使われている。

シンプルカテナリー式

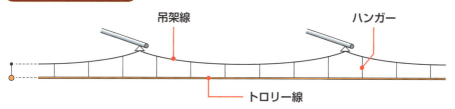

吊架線、ハンガー、トロリー線で構成したもので、トロリー線をほぼ水平にすることが可能。多くの路線で使われている。

コンパウンドカテナリー式

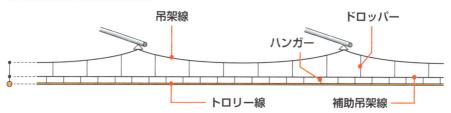

シンプルカテナリーにドロッパーと補助吊架線を加えた構造で、トロリー線をより水平に近づけることができる。新幹線を始め、高速運転をする路線で使われている。

き電吊架式

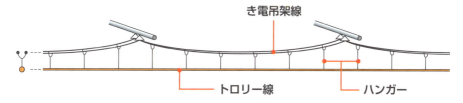

吊架線にき電線の機能を統合し、き電線と同等の電流容量を持つ線条を採用した架線。主にき電線を設けるスペースがない断面積の小さいトンネル内の電化の際に採用されていた。き電吊架式の架線は、従来型の架線に比べて部品点数の削減やメンテナンスの省力化、建設コストの低減が可能、美観が向上するなどの特徴があり、一般化されている。

セクション

直流電化と交流電化でしくみが異なる

- ●変電所が電気を供給する区間の境界の部分をセクションという。
- ●セクションによって電気を供給できる範囲を制限できる。
- ●トロリー線に電気を流さない区間をデッドセクションという。

●トロリー線が2本並ぶ直流電化のセクション

　長い距離にわたって設置されている路線に対して、1つの変電所から全体に電気を供給するのは、き電線やトロリー線に電気抵抗があるため、現実的ではありません。直流電化区間の場合、一般に**線路に沿って数km～10km程度の間隔で変電所**が設けられています。乾電池を2つ並列につないだような回路で、この方式を**並列き電**といいます。

　き電区間の境界に当たる部分を**セクション**といいます。直流電化の場合、セクション内では隣り合った2つのき電区間のトロリー線が横に並び、普段はこの2線が地上側で並列につながれています。そのため、走行中の電車には常に前方と後方の両方から電気が供給されます。

●交流電化で必要になるデッドセクション

　交流電化区間内、あるいは直流電化と交流電化の境界では、隣り合ったき電区間で電位や位相が異なり、両者のトロリー線にパンタグラフが同時に接すると電気的事故になります。そのため、**在来線ではセクションの部分で絶縁**し、トロリー線に電気を流さない区間を設けます。これを**デッドセクション**といいます。デッドセクションは約20～65mという短い距離で、電車に電気が供給されないその間を走行中に交直流車両の場合は**交流用、直流用の回路が切り換えられます**。交流車両の場合は手前で加速を中断し、惰性でセクションを通過します。

　新幹線も交流電化ですが、デッドセクションは設けられていません。車両の進行に連動して地上で電気回路を開閉する、**切替セクション**という方式が導入されているので、電気の供給が途切れることはほとんどありません。

CLOSE-UP

停車してはいけないセクション？

直流電気鉄道の場合、電気的に区分することが可能なセクションでも、普段は近くで相互に接続されている。ここで停車しても問題はないが、停車すると危険なセクションも一部にある。必要なときに切り離すためのスイッチまでの距離が長いと、この間の抵抗が大きく(例：0.01Ω)、ここに大きな電流(例：5000A)が流れると、セクションの両端に0.01Ω×5000A＝50Vの電位差が生じる。この場合、列車が短時間で通過するなら差し支えないが、停車して5000A近くの電流が流れ続けると、接触抵抗でトロリー線の断線事故に発展する可能性もある。

直流き電回路の構成（単線区間）

各き電区間には2つの変電所を設け、電気供給を行ないます。

並列の関係にある変電所1と変電所2から、電車に電気を供給する。また、それぞれの変電所に遮断器があり、異常時にはこれが開いて電気の供給を止める。

エアセクションの構造

2本の架線を物理的に接続せず、並行に架設して互いに絶縁した部分をエアセクションといいます。パンタグラフは常にどちらかの架線と接触しているので、電力の中断がありません。

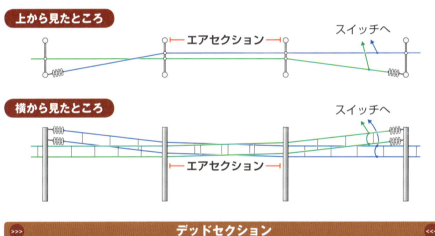

デッドセクション

在来線の直流電化と交流電化の境界には、架空電車線を絶縁して電気を流さない区間を設けます。これをデッドセクションといいます。

デッドセクションでは電車に電気が供給されないので、惰性で走り抜ける。交流区間には多数設けられている。以前はデッドセクション通過の際に車内の照明が消えたので、乗客もデッドセクションを通ったのを知ることができた。近年の車両は補助電源装置を備えているため、デッドセクションでも照明が消えなくなっている。

第三軌条
3本目のレールに電気を流す

POINT
- 車両の上方ではなく、線路の横から電気を供給する。
- 開削工法のトンネルでは断面を小さくすることができる。
- 踏切を設置するのは難しくなる。

●信越本線の碓氷峠で最初に採用

架線は車両の屋根よりも高い位置にあります。これをトンネルに設置するには、車両と天井の間に空間が必要です。また、架線を支える柱などを含め、建設にかかるコストが高くなります。これらの問題を解消する方法の一つが、地上の線路の脇に設置した、**第三軌条と呼ばれるもう1つのレールに電気を流す**ものです。車両の台車には**コレクターシュー（集電靴）**があり、それが**第三軌条を擦って電気を取り込みます**。

地表近くに電気を流すため高圧にすると危険なので、日本では**直流750V程度**が電圧の上限です。日本で最初にこの方式を採用したのは、当時の国鉄の信越本線の横川～軽井沢間の碓氷峠です。当初は蒸気機関車が運行していましたが、1912年に電化された際、トンネルの天井が低く架線を設置できないため、第三軌条が採用されました。後にアプト式から粘着式へ改める際、架線を使用する新線に切り替えられました。

●地下鉄を中心に普及

地下鉄路線でも第三軌条を見ることができます。首都圏では、東京メトロの銀座線と丸ノ内線、横浜市営地下鉄ブルーラインが該当します。これらは台車にモーターを積んでいて車輪径が大きいので、できるだけトンネル断面積を小さくしてコストを抑えるために第三軌条が採用されました。都営地下鉄大江戸線は架線方式ですが、最近のトンネルは機械で掘る円形断面で、レール脇にスペースが取れず、屋根上には取れるため、架線式の方がトンネル断面積を小さくできます。

第三軌条のデメリットは、踏切の設置が困難なことと集電特性によって高速運転がしにくいことです。

用語解説

アプト式

急勾配を登るための鉄道システム。坂道専用の歯車が付いていて、線路の真ん中に敷設された歯車レールにかみ合わせて、坂道を上り下りする歯軌条鉄道の一方式。

CLOSE-UP

第三軌条の設置

第三軌条は線路の左右のどちらか片方、スペースを確保しやすい方に設置する。1つの路線でも場所によって、左や右に設置されている場合がある。線路の分岐点など、左右どちらにも第三軌条を設置できない箇所もあり、そこを電車が走行する際には、電気の供給が一時的に途切れる。現在の電車は補助電源を備えているので車内の照明は点灯したままだが、かつては一瞬照明が消えて暗くなり、非常灯が点灯した。

第三軌条の構造

電気を供給する第三軌条は路線の左右どちらかに設置されます。

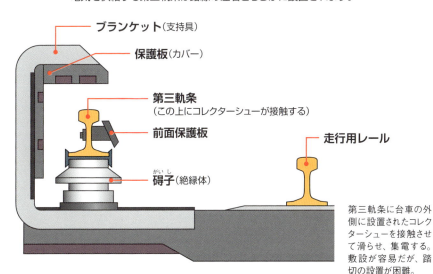

第三軌条に台車の外側に設置されたコレクターシューを接触させて滑らせ、集電する。敷設が容易だが、踏切の設置が困難。

第三軌条
第三軌条は線路の脇にあり、駅構内では転落した乗客が感電しないよう、ホームと反対側に設置することが多い。上の写真は東京メトロ銀座線。

集電靴(コレクターシュー)
第三軌条の台車。横に付いている板状のものがコレクターシューで、第三軌条に接触して集電する。

TRAIN COLUMN

第三軌条を採用した近鉄けいはんな線

近鉄けいはんな線は、地下鉄以外の路線で第三軌条を採用した珍しい例の1つです。この路線は全線が高架またはトンネルなので踏切がありません。また、第三軌条を採用している大阪市営地下鉄と直通しているので、それと同じ方式にしました。

電車から変電所に戻る電流
帰線電流

POINT
- 電車から変電所まで電気が戻らないと回路が成り立たない。
- 車輪やレールにも電気が流れている。
- 電流が漏れると、鉄道以外の設備にも影響が生じる。

●電気回路には行きと帰りのルートが必要

これまで、変電所から電車まで電気が届く過程を説明してきましたが、それだけでは電車は走りません。乾電池で電球を点灯させるのに、プラスとマイナスの両方をつながなければならないのと同様、電車から変電所に電気が戻るルートがあって初めて、電気回路が成立します。

変電所に戻るルートを帰線、そこを流れる電流を帰線電流といいます。帰線には、車輪とレールを回路として利用しています。主電動機をはじめとした車両の電気機器には、車輪と電気的に接続する装置があり、**電流は車輪とレールを通って変電所に戻ります。**

●地上設備側の工夫も必要

レールを帰線の回路にするには、途中で電気の流れを切ってはいけません。そのため、**レールの継目にはレールボンド**と呼ばれる電線が溶接されています。また、信号を作動させるためにレールの回路を利用している箇所があり、そこには**インピーダンスボンド**という装置が設けられており、帰線電流だけがその先のレールまで流れます。

レールを流れる帰線電流が地中に漏れると、周辺に埋まっている水道管などの金属の構造物に、**電食**が発生します。**線路の枕木や砂利にはレールと地面を絶縁する役割**もありますが、それだけでは完全ではありません。そのため、周辺の構造物の金属の表面を絶縁したり、漏れ出した電流をレールに戻す回路を設けたり、さまざまな工夫が施されています。なお、交流ではこのような電食は起こりませんが、通信などに誘導障害が生じないような対策が施されています。

用語解説

電食
ある金属に通る電流が周囲の物質に流れ出る際、その金属が電気分解によって腐食すること。一定の方向に電流が流れ続けた際に起こるもので、直流電化の帰線電流が地中の水道管などに流れた場合が該当する。

電流の流れと電食発生のイメージ

帰線電流は車輪からレールを通って変電所へと戻りますが、途中で電流が漏れて地中に埋められた金属の物体を流れると、電食が発生することがあります。

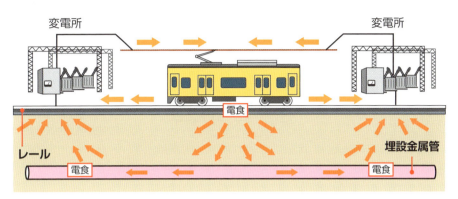

帰線電流が影響しないよう、周辺にある金属の表面を絶縁したり、漏れた電流をレールに戻す回路を設けたりしている。

帰線電流を流すための工夫

レールに帰線電流が流れるように、下記のような途中で電気を絶縁させない工夫が施されています。

レールボンド

レールの継目に束ねた金属線を溶接したもので、帰線電流が流れるようにしてある。レールボンドには、大きく分けると低温ろう接式、溶接式、穴あけ式という3つの種類がある。

インピーダンスボンド

信号機を設置した地点の例。レールの継目は絶縁してあり、帰線電流はインピーダンスボンドを通って流れる。

回生失効と対策
回生ブレーキが機能しないことがある

- ●回生ブレーキでは、発生した電気を架線に戻す。
- ●電気は電圧の高い所から低い所へ流れる。
- ●電気を消費するものがないと、回生ブレーキは機能しない。

●車両単独では完結しない回生ブレーキ

　主電動機を発電機として作動させ、その際の力で制動力を得る回生ブレーキが生まれました。この際に発生した電流は架線に流されます。電気は電圧が高い所から低い所へ流れるので、**回路が成り立っていないと流れません**。従って、発生した電気の電圧が架線より高く、さらに別の電車に電気を取り込んでもらうことで、初めて回路が成り立ちます。ほかの電車が近くにいないなど、これらの条件がそろわず、回生ブレーキが機能しない状態を**回生失効**といいます。直流電気鉄道用の変電所自体には、直流電力を交流電力に戻す機能がないので、回生電力を受け入れることはできないのです。

●回生失効を解消する工夫

　列車の運転本数が少ない時間帯には、き電区間内に1つの列車しか走っていないことがあるので、回生失効への対策が必要です。その1つは、電車が**回生ブレーキを使えない条件においては、もともと備えている摩擦を用いた基礎ブレーキを使用する**というもので、これには新たな設備は不要です。

　ほかには、車両に抵抗器を搭載し、発生した電気をそこに流して消費するという方法（発電ブレーキ）もあります。電気のエネルギーが熱になって大気に放出されてしまいますが、**回生ブレーキと同等の制動力を得られるのがメリット**です。

　また近年、地上に設置した蓄電設備に電気を蓄え、必要なときにその電気を改めて架線に流すことができる、**回生電力蓄電システム**を一部の鉄道会社が導入しています。さらに、変電所にインバータを設置して直流電力を交流電力に変換して駅の照明やエスカレーターの電力として使う例もあります。

用語解説

回生電力貯蔵装置
回生失効を解消するとともに、一層の省エネを進めるため、近年は回生電力貯蔵装置が普及しつつある。

回生電力貯蔵装置

回生電力貯蔵装置は、回生ブレーキを装備した電車が、ブレーキをかけた際に発生する電力を、変電所に設置した蓄電池などに充電し、電車が走行する際の電力として使えるようにするためのものです。

回生失効を解消するために設けられた回生電力貯蔵装置。東武鉄道では東上線の上福岡き電区分所と、アーバンパークライン運河駅構内（左の写真）に回生電力貯蔵装置が設置されている。

（写真提供：東芝）

回生電力貯蔵装置のしくみ

回生電力貯蔵装置のしくみは、下記のようになっています。

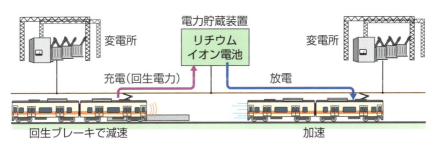

回生ブレーキで発生した電気が別の電車に使われない場合、その電気をリチウムイオン電池に蓄えておく。そして、電車が電気を消費する際、リチウムイオン電池から供給される。

回生失効対策の抵抗器

東急電鉄世田谷線を走る300形電車は回生ブレーキを備えているが、失効した場合に発電ブレーキとして機能させるため、床下に抵抗器を搭載している。

自然環境から電車線を守る
落雷などからの保護

- ●避雷器や架空地線で電車や電車線の故障を防ぐ。
- ●架空地線により、電車線も電車も保護される。
- ●変電所が停電した場合、ほかの変電所から電力を供給する。

●落雷による大電流をシャットアウト

電車は電車線から電力が供給されなければ走ることができません。このため、変電所やき電線、電車線には、さまざまなトラブルが発生しても電車にはできる限り影響を及ぼさないようなシステムが導入されています。

電力設備に頻発するトラブルとして挙げられるのは**落雷**です。落雷を避けるために変電所、電車線を支える柱には**避雷器**が設けられ、落雷による大電流を電車に通さずに直接地上へ流します。とはいえ、直流の電化区間の場合、避雷器は約500mおきに設置されており、電車線に直接雷が落ちることもあるので、落雷が多い場所では**架空地線**を張りめぐらせることも考えられました。

架空地線とは電車線よりも高い位置に架け渡した電線です。電車線への直接の落雷を避けられるほか、落雷による大電流は架空地線を通って地面へと流されるため、電車線はもちろん、付近を走行中の電車も保護されます。

また、電車にも避雷器がつけられており、重要な電気機器が守られています。

●ほかの変電所から電力を供給

それでも変電所はまれに停電することがあります。このような場合、自動的に電源が遮断され、可能であれば**隣接の変電所からき電線、電車線に電力が供給されるシステム**が構築されています。変電所の能力には限界があるので、受け持ち範囲の広がった変電所が供給可能な電力はそれまでと同様にはいきません。そのため列車を同時に加速しないようにしたり、各列車に流れる電流を制限したりする対策が採られることもあります。

用語解説

避雷器

電気装置を雷または回路の開閉などに起因する過電圧から保護し、電圧とその継続時間を制限する装置。

遮断器

通常の回路条件や回路がショートするといった異常な回路条件のもとで、電流を遮断することで設備を保護する装置。これに対して、電流が流れていないときにつないだり切り放したりするスイッチを開閉器という。いずれも機械式と電子式がある。

落雷への対策

車両や変電所、架線・駅にあるさまざまな電気機器が、落雷によって損傷しないよう、多くの対策が施されています。

西武鉄道2000系電車のパンタグラフ付き車両にある、円筒形の避雷器。

2012年10月に竣工時の姿が復元された、東京駅丸の内駅舎の屋根の上にあるフィニアル(装飾)は、避雷針を兼ねている。

架空地線の役割

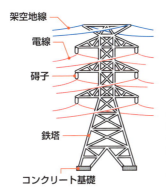

架空地線とは、落雷から配電線や送電線を保護するため、落雷を遮へいするよう電線上部に架設する接地線のこと。送電線・配電線の最上部に架空敷設することで、送電線への直撃雷を保護する。

TRAIN COLUMN

北陸新幹線新上越変電所の停電対策

北陸新幹線上越妙高～糸魚川間の新上越変電所は交流2万5000V・50Hzを給電しています。両隣の新長野、新黒部の両変電所は交流2万5000Vながら60Hzを供給しているため、そのままでは停電時にバックアップの電気を流せません。そのため、通常は50Hzが供給されている新上越変電所の受け持ち範囲に60Hzを供給してもその逆でも電車が問題なく運行できるしくみが構築されています。

鉄道の運賃の設定

運賃の決め方

　鉄道の運賃は鉄道会社が設定・申請し、国土交通省が認可します。
　運賃の決め方は、次のような方法があります。
- **対キロ区間制**…乗車地点からの輸送キロに応じた区間を決めて運賃を定める。
- **均一制**…路面電車のように全線が均一運賃。
- **対キロ制**…距離に賃率をかけて運賃を決める。
- **ゾーン制**…ヨーロッパの都市鉄道のように中心部から大きなゾーンを決め、利用するゾーンの数で運賃を定める。

　日本の場合、JRでは多くが「対キロ制」を採用していますが、JRを除いた鉄道では「対キロ区間制」を採用しています。

特別な料金

　また、運賃のほかに、急行や指定席・特別車両（グリーン車）、駅入場など、特別なサービスを利用する場合の料金設定もあります。
- **急行料金**…普通列車より速く走る列車に乗る際に必要となる。JRの特急料金は、繁忙期・閑散期・通常期で異なり、繁忙期は割り増し、閑散期は減額になる。
- **グリーン料金**…座席や客室内をグレードアップした車両に乗る際に必要となる。
- **寝台料金**…夜行列車で寝台を利用するための料金。寝台列車の本数は少なくなったが、列車の旅そのものを楽しむ豪華な寝台列車も運行されている。
- **座席指定料金**…急行・快速・普通列車の指定席に乗車する際に必要となる。特急列車の場合、特急料金に指定席料金が含まれ、自由席の場合はその分が割り引かれる。
- **入場料金**…駅構内を利用する場合の料金。旅行者の送迎などに使われる。

第9章 安全のしくみ

電車には、安全に運行するためのしくみが数多くあります。
電車自体に装備されているものだけでなく、
踏切やホームでの安全など、幅広く考えられています。
最新の安全のしくみを解説しましょう。

何かあったときの安全システム
衝突させないしくみ

POINT
- 万一システムに不具合が生じた際は、列車が停止するのが基本的な考え方。
- 安全にかかわる各システムに、フェールセーフの技術を導入した。

●「何かあったら停止」が安全の基本

鉄道の運行では、気象条件をはじめとした外的要因によるものも含め、安全に支障が生じることがあります。何か異常があったとき、**最優先しなければならないのは事故防止**です。ここでは**フェールセーフ**、すなわち**「何かあったら安全側に作動させる」**という考え方が重要になります。

具体的には、**「異常時には車両を停止させる」**という発想が基になります。例えば車両の基礎ブレーキは、空気が抜けたら非常ブレーキがかかる構造になっています。信号機は青が「進行」、黄色が「注意」、赤が「停止」という意味ですが、故障したら赤を出し、点灯さえもできない場合は、**赤のときと同等に扱って停止する**というルールです。

また、踏切の遮断機は、上げるときに力が必要になる構造になっているので、**停電した場合は重力で自然に下りて人や自動車の進入を防ぎます**。

●「絶対故障しない」システムはない

鉄道システムは進化しましたが、フェールセーフの制御は欠かさずに備えています。**自動閉塞式**（P.176参照）で導入された軌道回路でも、1つ手前の閉塞区間に列車が在線する場合は信号機を赤にし、列車が通過して閉塞区間にいなくなるまでは青に変わりません。ATCなどの新しいシステムでも、フェールセーフによる制御が作動します。しかし、フェールセーフは故障を検知するしくみではありません。安全を検知して青信号を出しますが、安全が確認できない場合は常に赤信号です。今日ではマイクロコンピュータによる制御が採用されていますが、安全性を確保するため二重に照合する方式が主流です。

用語解説

フェールセーフ
英語で「fail safe」とつづり、「故障したら安全に作動する」という意味。

CLOSE-UP

フェールセーフの考え方
機械やシステムが完全なもので、絶対に故障しないのであればフェールセーフは必要ない。しかし、そのような「絶対」はあり得ないというのが技術者の考え方で、万一のことを想定して開発している。

自動閉塞式のフェールセーフ

異常があったときには事故防止が最も重要です。自動閉塞式の軌道回路がどのようになるのか説明しましょう。

通常時

自動閉塞式の軌道回路の装置が正常で、前方に別の電車がなくそのまま進んでよい場合は、リレーが動作して信号は青になる。

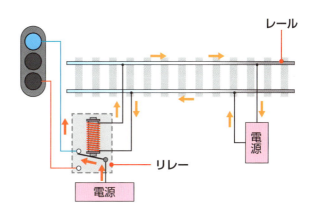

列車在線時

軌道回路がある線路に列車が存在すると、車輪によって左右のレールが短絡されてリレーが動作せず、信号は赤になる。

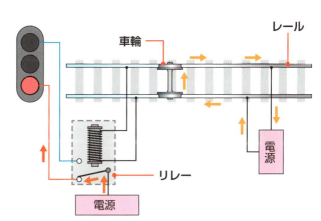

断線・装置故障時

電気回路の断線や装置の故障があると電気が流れなくなり、列車が在線するときと同様にリレーが動作せず、信号は赤になる。

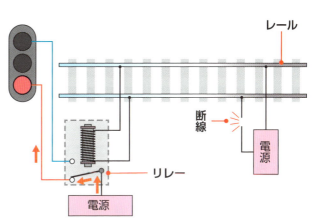

電車の衝突を防ぐ
閉塞のしくみ

POINT
- 線路を閉塞区間に分け、それぞれに同時に2本以上の列車を入れないのが追突防止または衝突防止の基本。
- 閉塞の方式はさまざまで、時代とともに進化している。

●「閉塞」は衝突防止の基本となる考え方

衝突事故を確実に防ぐには、同じ区間に複数の列車が来ないようにすることが必要です。極端にいうと、1つの路線を1本だけの列車が往復していれば、列車と列車の衝突事故は起こりません。この考え方を応用し、**長い路線も細かく区切り、1つの区間に同時に複数の列車を入れない**というルールを設けたのが「**閉塞**」です。区切った各区間を**閉塞区間**といいます。

かつて主流だったのは、閉塞区間ごとに通行手形に相当する**タブレット**というものを用意し、運転士がそれを持たないと走行できないようにするしくみです。これを**タブレット閉塞式**といい、多くの場合は駅ごとに閉塞区間を区切っていました。信号が青で、その先の閉塞区間のタブレットを持っている場合に限り、前に進むことができます。

●進歩が続く自動化

タブレット閉塞方式では、タブレットの受け渡しに手間を要し、人に頼る部分も大きくなります。これに対し、各閉塞区間の境界に信号を設置し、それを自動で切り替えて進行の可否を示すようにしたのが**自動閉塞式**です。この方式では、軌道回路という、列車の存在を検知する装置を線路に設けます。列車が存在する区間の手前の信号を赤にし、列車が次の区間へ進むと黄色、さらに進むと青という具合に信号が切り替わります。

ここまでに紹介した方式で、タブレットや信号を確認し、実際に停止や減速の操作をするのは運転士ですが、さらに進化し、**進入してはいけない閉塞区間の手前で自動的に停止させるシステムも導入**されています。

用語解説

タブレット
金属製の円板のようなもので、中心に丸や四角など、閉塞区間ごとに定められた形の穴が開いている。通常、これを閉塞区間の境界の駅の閉塞装置という箱に入れておき、隣の駅との間に列車がないことが確認できれば、箱から取り出して運転士に渡す。

自動閉塞
自動閉塞式で使用する軌道回路は、左右のレールに回路を接続しておき、そこを車輪が通ると電気が流れることを用いて列車のある区間を検知し、この情報を伝送して安全を得ている。

閉塞のしくみ

下の図は複線の自動閉塞式を示しています。A駅に停車している電車Aは、出発信号機①が青になると発車し、閉塞区間㋐に入ります。その先、B駅に先行する電車Bが停車していると、信号機②は黄色、信号機③は赤となり、それぞれ電車Aに対し「注意」と「停止」を指示します。

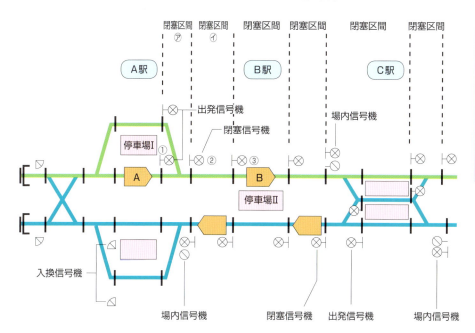

なお、出発信号機と場内信号機については運転管理者の意思、つまり列車を出発させてよいか、入駅させてよいか、その場合はどの線に入れるか、が加わるので自動ではない。

タブレットの受け渡し

通行手形のタブレット。これを運転士が持っていないと走行できないルールです。これをタブレット閉塞式といいます。

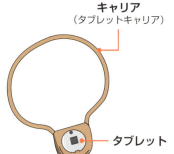

電車の存在を知らせる
軌道回路と連動装置

POINT
- 信号とポイントの切り替えには、関連性がある。
- 関連を間違いなく保証するのが連動装置。
- 新しい技術により、自動化が進んでいる。

●信号と密接に関連するポイント

　自動閉塞式などで、ある地点に列車が存在することを検知する装置が**軌道回路**で、短く区切った線路を帰線回路と共用しながら、左右のレールに信号専用回路をつなげたものです。ここを鉄の車輪が通ると左右のレールの間が導通する（電気が流れる）ので、**システムが列車の存在を知る**ことができます。

　軌道回路によって列車がその区間に存在することを検知し、信号が切り替わるのは先に述べた通りですが、ポイントの切り替えと信号の色も連動させなくてはなりません。ポイントが閉じている方向の信号が青になっていたら、そのまま列車が進んで脱線するかもしれません。

●ポイントでの事故を防ぐしくみ

　信号とポイントの作動を関連させる装置を**連動装置**といいます。信号とポイントを手動で切り替えていたころは、誤った操作をしないよう**鎖錠機構**が導入されていましたが、その後、電気で切り替える装置の導入により、**信号とポイントが１つの操作で同時に切り替わるようになりました**。また、車両が通っている最中にポイントが切り替わると事故になります。そこで、**ポイントに隣接して軌道回路を設け、車両の存在を検知するとポイントが鎖錠されるシステム**も導入されています。

　地方の小規模な私鉄では、今でも信号やポイントを手動で操作しているところがありますが、この場合も連動装置が安全を確保しています。JRや大手私鉄では自動化が進み、広い範囲を１カ所で集中して操作するシステムも普及しています。軌道回路があるので、離れた所でも列車の現在位置を把握することが可能になり、それが大いに活用されています。

用語解説

軌道回路

軌道回路はアメリカの技術者、ウィリアム・ロビンソンが発明し、1872年に特許を取得した。基本的な構造には開電路式と閉電路式があり、前者の方が先に実用化された。現在は軌道回路の使用目的により、両者を使い分けている。

軌道回路のしくみ

軌道回路は最初に開電路式が考案されましたが、装置への電源供給が止まると列車の存在を検知できなくなってしまいます。この問題を解消したのが閉電路式です。

開電路式軌道回路

列車が存在するときに車輪を介して装置の電気回路が成立し、信号が赤になる。装置に電源が供給されなくなったときは、列車の存在を検知できない。

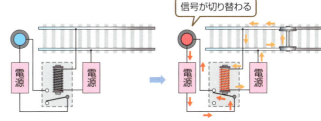

閉電路式軌道回路

列車が存在しないときに電気回路が成立し、信号が青になる。装置に電源が供給されなくなったら、列車が存在するときと同様の状態になり、信号が赤になる。

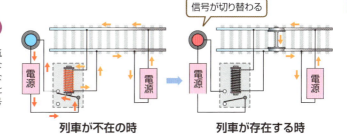

連動装置

複線の途中にある駅で、単線の支線が接続しているケースを示しています。
連動装置によってスムーズに運行します。

下り線は左から右、上り線は右から左に列車が走る。支線の列車が到着して上り線に直通する際は、赤色の矢印で示した線路を通るが、このとき、下り線と平面で交差する。加えて、上り線の列車も駅に進入できない。そこで、ポイントを支線から上り線に列車を入れるように切り替えるには、下り線の駅発車（出発信号）と上り本線の駅到着を許可する信号（場内信号）を赤にし、その状態を固定したうえで一定時間経過後にはじめて切り替えることができるよう、連動装置によって制御されている。

この場合、各場内信号、出発信号はそこを列車が通過した後、赤のままにしておき（停止定位）、列車が接近してから順序を決めて（連動装置でなく、運行管理の仕事）進入、出発を許可する。仮にダイヤが乱れて本線からの上り列車と支線からの上り列車がほぼ同時に接近した場合は、どちらを先に進入させるか運行管理者が決め、そちらの場内信号機を開通させる。この際、ポイントの制御との連動、進入を後にする線からの場内信号を赤のままにするのは連動装置の役割。仮に支線からの進入を許すと決めた場合は、本線への下り列車を同時に出発させられないため、運行管理者はこれら3列車の順序を決めなければならない。

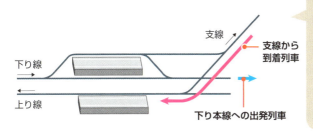

信号機
電車を安全に運行するための装置

POINT
- 道路の信号と同様、鉄道でも地上の信号機は赤、黄、青の3色を用いる。
- かつては腕木式が主流だった。
- 車両の運転台に数字で信号が表示されるものもある。

●道路と同様、鉄道にもある信号機

かつて鉄道の信号機は**腕木式**というものでした。これは、向かって左に長い腕が出て、それが斜め下を向いたら「進行」、真横を向いたら「停止」という合図を示すもので、夜間には灯火の色で指示を出していました。このタイプは、地上にあるてこを操作して切り替えられていました。

その後に普及した信号機は、色が付いた電灯を並べた**色灯式**です。上から青、黄、赤と3色縦に並ぶのが一般的ですが、2色だけのもの、同じ色を複数含み全部で4～7個の電灯が並んだものもあります。また、一般に「青」と呼ぶ色も、道路の信号と同様に緑に見えます。

腕木式信号機はかなり少なくなりました。JRでは2006年にすべてなくなり、現在はごく一部の私鉄などに残るのみです。

●色によって出される指示

それぞれの色の意味は道路の信号とほぼ同じで、**青は「進行」、黄は「注意」、赤は「停止」**です。また、電灯が4個以上あるものは、黄2つが点灯して**「警戒」**(「注意」よりさらに速度を下げる)、黄と青の点灯で**「減速」**など、2つ組み合わせた表示も行ないます。

自動列車制御装置ATC(P.184参照)を導入した場合、信号機は地上ではなく、運転台に許容速度の数字で表示されるのが一般的です。1964年に開業した東海道新幹線は、これに該当します。時速200kmを超える高速で走行中、運転士が地上の信号機を確認するのは困難なため、このシステムは重要な役割を果たしています。

豆知識

信号機の機能と種類

信号機のうち、防護区間を持つものを主信号機という。主信号機の手前に設置され、主信号機の現在の表示を予告するものを従属信号機という。また、進路表示機や進路予告機なども、主信号機に付けられる。

CLOSE-UP

道路の信号機に従う電車

鉄道には専用の信号機があるのが一般的だが、踏切において道路の信号に従うところもある。その場合、道路の自動車も信号に従い、青信号のときは踏切でも一旦停止は不要。東京では、東急電鉄世田谷線若林駅近く、環状7号線の踏切が該当する。

信号機の種類

色灯式

赤・黄・青の3色の組み合わせ。近年はLEDが使われている。

灯列式
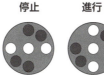

白灯を2つ以上並べ、灯火の配列で信号を表示する。この例は中継信号機で、カーブなどで直接見ることができない主信号機の状態を示している。

腕木式
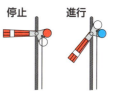

腕木の上下で信号を表す。腕木が水平のときは「停止」、斜め下のときは「進行」を表す。

色灯式信号機の種類と点灯の方式

色灯式信号機は青・黄・赤の3色の電球が1個ずつのもののほか、電球の数が2・4・5・6のものもあり、それぞれ点灯のパターンごとの意味が定められています。このほか、京浜急行には抑速信号が、京成電鉄には高速進行信号があります。

	停止	警戒	注意	減速	進行
二灯式	赤		黄		
二灯式	赤				緑
三灯式	赤		黄		緑
四灯式	赤	黄黄	黄		緑
四灯式	赤		黄	黄緑	緑
五灯式	赤	黄黄	黄	黄緑	緑

手信号

故障で信号機が使えなくなったとき、鉄道員が合図や手旗などを使って合図を送る。

合図灯

（写真提供：東邦産業）

手信号代用器

（写真提供：東邦電機工業）
※写真はデモ用です（実際は両点灯することはありません）

万一の信号見落としをカバーする
自動列車停止装置ATS

POINT
- 赤信号を無視した場合、自動的に列車を停止させる。
- 初期のものは警報とブレーキ、2段階で作動する。
- 改良により、速度を連続してチェックすることが可能になった。

●信号を守らなかった際の安全確保

　鉄道の安全の基本となるのは、乗務員による信号の遵守です。しかし、乗務員が信号を見落とすことが「絶対に」ないとはいえません。そこで、万一の事態に備えて開発されたのが、**自動列車停止装置**です。「Automatic Train Stop」を略した**ATS**という名称が日本でよく使われていますが、海外では**ATP**「Automatic Train Protection」といいます。黎明期のATSは線路上に打子というものを設け、それに車両のブレーキのレバーが触れて作動するという方式で、日本初の地下鉄(現在の東京メトロ銀座線)にも1920年代から採用されました。

　その後、**線路に地上子、車両に車上子を設置し、これらの間の電磁結合で車上の信号周波数の変化によって作動する方式**が普及しました。これは、信号によって停止が指示された際に運転室内で警報音を鳴らし、その後、運転士が減速させない場合は自動的にブレーキがかかるというものです。国鉄では1966年に全線への導入が完了し、大手私鉄にはその後高機能なものが採用されました。

●時代とともに進化してきたATS

　近年はATSの改良が進み、**デジタル技術を活用して速度を連続的にチェックできる方式**が普及しつつあります。JR東日本では、**ATS-P形**と呼ぶものを首都圏、山形新幹線、秋田新幹線などに、**ATS-Ps形**と呼ぶものを秋田、仙台、新潟、長野などの地区に導入しています。それ以前の国鉄型ATSはATS-S形といい、速度をチェックしないものや特定地点で特定速度を超えたかどうかだけをチェックするものがありました。ATSの各方式により、地上子や車上子の仕様も異なります。

CLOSE-UP

ATSの種類

国鉄のころ、ATCを採用した路線を除き、在来線のATSは各路線で共通の仕様だった。しかし、JRに移行してから、会社ごとに新しいシステムを開発し、同じ会社でも路線によって違うものを設置するケースがある。そのため、直通する電車はそれぞれの車上装置を併設している。

私鉄のATS

ATSは国鉄への設置が完了した後、1967年から私鉄のうち列車本数が多い路線に国鉄よりも高機能のものが導入された。私鉄の地方路線では導入が遅れたが、2001年に当時ATS未設置だった京福電鉄(現・えちぜん鉄道)で衝突事故があってから、普及が進んだ。

自動列車停止装置ATS

首都圏の電車や山形新幹線、秋田新幹線で導入されているATS-P形は次のようなしくみです。

ATS-P形の原理

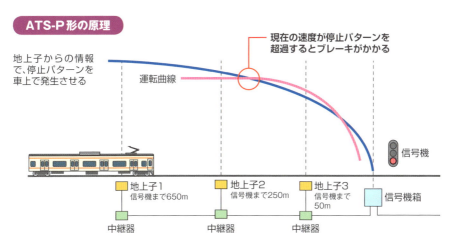

信号機の手前数ヵ所に地上子を設置している。赤信号のときにスムーズに停止するために、それぞれの地上子の位置における速度の上限をシステムが算出し、それを超過した場合にはブレーキが作動する。

TRAIN COLUMN

電気設備と線路を点検する電車

列車を日々安全に運行するには、車両のメンテナンスとともに、信号、ATSやATC、電気、線路などの地上側の各種設備が正常に機能していることが不可欠です。これらの設備の点検を、線路を走りながら行なう車両があり、検測車と呼ばれています。一般の人が乗車することはできず、決められた周期で各路線を検測のために走行します。

私鉄の検測車
関東の大手私鉄、東急電鉄の検測車。「TOQ i」（トーク・アイ）という愛称があり、世田谷線を除く東急全線と、横浜高速鉄道みなとみらい線で検測運転をする。

東海道・山陽新幹線の検測車
東海道・山陽新幹線では700系電車を基本にした検測車が使用されている。鮮やかな黄色に塗装され、「ドクターイエロー」というニックネームで鉄道ファンの人気を集めている。

安全な速度で進行する
自動列車制御装置ATC

POINT
- 信号の遵守だけでなく、常に制限速度超過を防止する。
- 新幹線では当初からATCが採用された。
- 都市圏を中心に地下鉄、JR在来線、私鉄でも普及している。

●常に列車の速度を監視、制御するシステム

　ATSは信号に従わずに列車が進もうとした際に列車を止めるシステムですが、その考え方をさらに進め、常に安全な速度で走行するように制御するのが、**自動列車制御装置**です。英語では「Automatic Train Control」といい、一般には**ATC**という略称で呼ばれています。

　ATCが日本で最初に実用化されたのは、1964年開業の東海道新幹線です。時速200kmを超える高速での走行中、運転士が地上の信号機を見るのは困難で、運転台に表示する信号機も含めたシステムとして導入されました。システムは**常に列車の走行速度と、その場所の制限速度をモニター**します。そして、**制限速度を超過したら自動的にブレーキをかけ、制限速度以内になったところでブレーキを緩める**という働きをします。

●デジタル技術による進化

　新幹線での実用化の後、トンネル内で信号機を設置しにくく、高い安全性も求められる地下鉄にも、ATCが普及していきました。また、地上でも大都市で列車の運転間隔が短い路線や、地下鉄と直通運転する路線にも導入が進んでいます。

　この分野も時代とともに進化し、現在重要となっているのはデジタル技術です。近年は**線路のカーブや勾配、車両のブレーキ性能といったデータ**をあらかじめインプットしておき、**減速が必要となったときに最適なパターンでブレーキをかける**ものも実用化されています。これには、従来のものより速度の変化がスムーズで乗り心地を悪化させず、より短い距離で停止できるというメリットもあります。

CLOSE-UP
在来線のATC

国鉄の在来線で最初のATCは、1972年に開業した総武線快速の地下区間、東京〜錦糸町間で採用された。在来線の地上区間では山手線が最初で、導入は1981年。

豆知識
ATO

ATCの発想をさらに進めたのが自動列車運転装置(Automatic Train Operation、略称ATO・P.186参照)。ブレーキだけでなく発進や加速も含め、運転すべてを自動にし、一部の地下鉄、新交通システムなどで実用化されている。無人運転も可能だが、線路や駅の監視のために乗務員が乗っているものも多くある。

多段制御ATC（従来型）

各閉塞区間に、数km/hごとの段階的な速度制限が設けられており、それぞれを超過しないように制御する。そのため、ブレーキをかけたり緩めたりすることを繰り返す。

一段ブレーキ制御ATC（新型）の一例

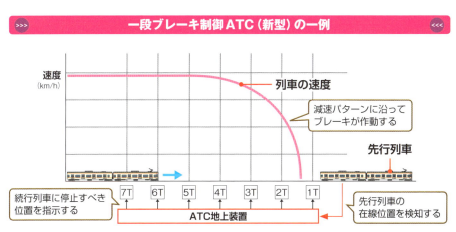

連続して速度を下げる制御パターンを持ち、スムーズに減速するとともに、短い距離で停止することができる。運転間隔を短くすることが可能になる。

デジタルATCの一例

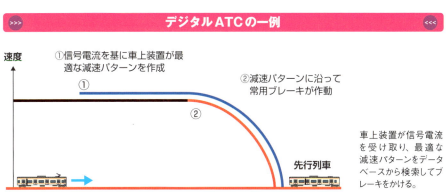

※異常時に非常ブレーキをかけるもう1つのパターンを持つこともある。

運転士の負担を軽減する
自動列車運転装置ATO

- 出発から停止まで自動運転が可能になる。
- ブレーキはATCによって制御されている。
- 近年は停止操作だけを自動で行なうものも開発された。

●熟練の運転士の操作を自動的に行なう

　旅客の乗り降りに時間がかかる通勤電車では、ベテランの運転士でさえ、列車ダイヤ通りに運転し、ホームの決められた位置に止めることは難しい技術です。

　そのような中、近年はワンマン運転や無人運転を実施する例が増えてきました。運転士の負担を減らすだけでなく、時間や停止位置の精度を高めるために**自動列車運転装置（ATO：Automatic Train Operation）**の導入が進められています。

　ATOもATSやATCと同様に電車に搭載する**車上装置**と駅などに設置した**地上装置**から成り立っており、電車単独の装置ではありません。車上装置と地上装置の情報のやり取りは電車側の車上子、軌道に置かれた地上子の間で行ないます。このため、車上装置を搭載している電車であっても、地上装置を設けていない路線ではATOを働かせることはできません。

　駅を出発するときに運転士が「出発」「発車」などと記されたスイッチを押したり、無人運転の場合は運行管理からの出発指示を受けて、電車の速度と地上子からの情報から得た速度と位置に基づいて加速やブレーキを自動でかけます。このうちブレーキについては**自動列車制御装置（ATC）**とほぼ同じしくみですが、駅の定位置に乗心地よく正確に止まる機能も持っています。一部のATOでは、駅間の走行時間を3段階程度に変えて、ダイヤ乱れを予防する機能も持っています。

　自動運転のうち、ホームの所定の位置に停止させる機能だけを持たせたものも開発されました。このシステムを**TASC（Train Automatic Stop Control）**といいます。

豆知識

ATOの種類

一般的な鉄道のATOでは電車に運転士が乗務し、出発ボタンを押して自動運転を行なう。新交通システムのATOはこの操作も自動化したため、無人運転が実現した。

ATOの解除

ATOを導入した鉄道でも時折、手動で運転操作を行なうケースがある。多くは運転士の技能を維持するためであり、ダイヤが乱れたときに折り返し駅を急に変更するといった場合にも手動となる。

自動的に運転される電車

ATO を導入した地下鉄

ATOが採用された福岡市交通局の地下鉄。左の写真はJR九州の305系電車で、ATOが使用されている。運転士は駅を出発する際に発車ボタンを押すだけで、後は自動的に加速し、次の駅の決められた位置に停車する。

（写真提供：九州旅客鉄道）

TASC を導入した山手線

ホームドアを導入したJR東日本の山手線では、停車の際に電車のドアとホームドアを厳密に合わせる必要がある。このため、山手線を走るE231系・E235系電車には、運転士を支援する目的で駅への停止操作のみを自動的に行なうTASCが導入された。

ATOの概略図

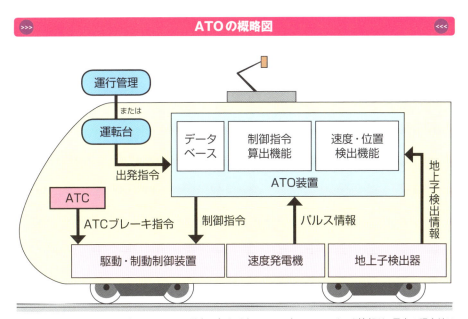

ATOを作動させるに当たって重要となるのは、電車は今どこを何km/hで走っているかという情報だ。電車の現在地は車上子を通じて得た地上の情報を基にしており、速度は車輪や車軸の回転速度を基に割り出す。これらの情報を基にATOの車上装置は電車の走行についての指令を出力する。

周辺を走るすべての列車を停止
列車防護

POINT
- 異常発生時は、周辺の列車をすべて即刻停止させる。
- フェールセーフの考えが採り入れられたシステム。
- 列車遅延につながるが、高い安全性が確保される。

●何かあったら、まず列車は停止

　鉄道の路線は複雑に入り組み、特に都市部では運転密度も高く、1つの列車が事故を起こすと、ほかの列車を巻き込むこともあり得ます。どこかで何か、安全の支障となる異常が起きたとき、どの範囲に影響を及ぼすのか、即座に見極めるのは困難です。

　そんな場合、周辺を走っている列車がすべて、即座に停止すれば事故発生のリスクが大幅に低減できます。この考え方を具体化したのが、**列車防護**というシステムです。各列車の運転台や駅には列車防護用のボタンがあり、異常に気づいた乗務員や駅係員がそれを押します。すると、列車防護無線が発報されます。

●運転再開は安全確認後

　列車防護無線は周囲の列車や駅で受信され、近くで異常があったことが知らされます。その際、**運転士はすぐにブレーキをかけて列車を停止させるというのがルール**で、これにより事故の発生を未然に防ぐことができるというわけです。並行して、**列車防護無線発報のきっかけとなった異常について係員が確認し、必要な処置を行ないます**。

　ある路線で異常が発生すれば無関係な路線も止めることは、フェールセーフの悪影響の例とされ、現在は反省期にあります。例えば異常がどこで発生したかが分かれば、無関係な路線ではすぐに運行を再開し、異常が発生した路線では異常が取り除かれ、安全に支障がなくなったことが確認できてから、列車指令から無線で運転再開の指示が出て、列車は運転再開します。

CLOSE-UP
列車防護無線発報

東京のJR山手線の内回り、田町駅付近で列車防護無線が発報されたとすると、山手線内回りはもちろん、同外回り、並行する京浜東北線及び東海道本線の両方向のすべてが対象となり、列車は停止する。東海道本線は、上野東京ラインとも線路を共用しているので、直通する東北本線、高崎線、常磐線にも影響が及ぶ。しかし、共通の設備がほとんどない新幹線には影響が及ばないようにしてある。

列車防護のしくみ

何か起こった際、周辺を走るすべての列車が即座に停止し、列車防護が採られます。

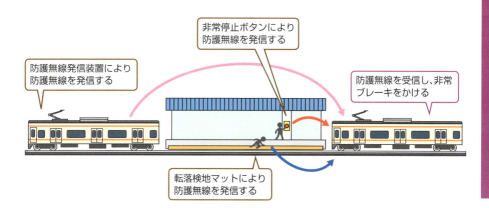

列車防護無線装置の発報装置は、列車の運転台にある。列車を運転している際、異常事態を察知したらこのスイッチを押す。すると特殊な信号が無線電波によって送信される。

運転台の列車防護無線装置

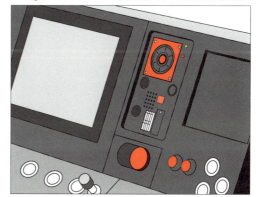

 TRAIN COLUMN

災害情報の収集

　鉄道の運行には天候も大きくかかわります。雨量計、風向風速計のほか、積雪時に作動する積雪監視装置などがあります。地震に対しても地震計が設置されています。東海道新幹線には早期地震警報システム（TERRA-S）があり、地震の第一波を検知して地震の大きさを推定し、必要な場合には警報を発して列車を停止させます。

ホームドアとホーム柵
ホームからの転落を防ぐ

POINT
- ホームドアはホームと線路との間を天井まで仕切ったもの。
- ホーム柵はホームと線路との間を下部だけ仕切ったもの。
- ホーム柵にはまだ課題もある。

●電車の到着後に扉が開く

利用者がホームから線路に転落する事故は後を絶ちません。また、ホームを通過する電車に利用者が触れる事故もしばしば起きています。こうした事故を防ぐため、ホームと線路との間に仕切りを設け、**ホームドア**や**ホーム柵**が各地に普及しました。

電車の扉が開くのに合わせてホーム柵の扉も連動して開く**可動式ホーム柵**、そして電車の戸の部分に柵が設けられていない**固定式ホーム柵**の2種類があります。

フルハイトタイプは、ホームと線路との間を天井まで仕切ったものです。駅に到着した電車の扉とホームドアに装着された扉が連動して開きます。なお、線路との間を壁で仕切ってしまうと見通しが悪くなり、ホームも暗くなるのでガラスがふんだんに採り入れられています。地下鉄や新交通システムなど近年開業した駅で一般的です。

ハーフハイトタイプとは、ホームと線路との間を一定の高さまで仕切ったものを指します。ホームドアの高さは、ホームの床から電車の窓の下辺までになっています。

ホームドアの扉は**引き戸**が大多数を占めます。シャッターのような昇降式もテストされ、一部の駅では実用化されています。

ホームドア、ホーム柵には課題もあります。扉の位置が異なる電車が停車する場合、ホームドアなどの方で扉や開口部を広げて調節する例も見られますが、限度があります。また、電車が駅に停車してからホームドアの扉が開くまで、逆に閉じてから出発まで時間を要するため、停車時間も延びがちです。

CLOSE-UP

ホームドア、可動式ホーム柵の数
2016(平成28)年3月31日現在で全国の665駅に設置されている。

ホームドアとホーム柵のしくみ

後から設置することができるので、新しい駅でなくても取り付けられる。センサーシステムによって乗客の安全を確保する。

ホームドア（可動式ホーム柵）

上部が開放されたハーフハイトタイプ。建設が比較的容易である。

天井まで覆われたフルハイトタイプ。列車風を防いだり、ホームの空調効率を上げるなどの効果もある。

固定式ホーム柵

低コストで設置可能な固定式ホーム柵。開口部は残る。
（写真提供：京王電鉄）

戸先センサー

スイッチテープ

人や物が挟まれていないか検知する。ホームドアの戸先に付けたテープスイッチが衝突を検知するとドアが開く。ドアが閉まりかけの状態で作動する。

戸挟みセンサー

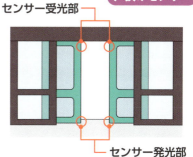

人や物が挟まると、ホームドアの車両側に取り付けられたセンサーの発光部と受光部で検知する。ドアが閉まった時点で作動する。

踏切の安全対策

踏切事故を防ぐための装置

POINT
- 鉄道と道路が平面で交差する場所を踏切という。
- 踏切には警報機や遮断機の有無により3種類がある。
- 夜間や悪天候時、故障した際の装置も付いている。

●新たに開業する鉄道に踏切はない

踏切は大きく分けて**警報機と遮断機を備えた第1種**、**警報機を備えた第3種**、**何も備えていない第4種**の3種類があります。近年、都市部では第3種と第4種は急速に姿を消し、大多数が第1種となりました。

第1種の踏切の警報機や遮断機はどのように作動するのでしょうか。まず、警報機が列車の接近により、警報を発します。警報音が鳴り出したら、15秒前後で遮断機が**遮断かん**と呼ばれる棒を降ろします。遮断かんが降りてから、電車の到達までの時間は20秒を標準とすることが決められています。

急行運転している私鉄には、この時間が急行と普通で大幅に変わらないよう、列車選別をしていることがあります。

●万一の事態を見越した装置

警報機や遮断機のほかにも踏切にはさまざまな装置が取り付けられています。まずは**列車進行方向指示器**です。どちら側から電車が来るかを示すもので、2本以上の線路を持つ踏切に設置されます。

障害物が踏切上にある場合、LEDやレーザーによって障害物を検知する**障害物検知装置**も用意されました。障害物検知装置が障害物を検知すると踏切支障報知装置を作動させます。

報知装置は非常ボタンを指し、押すと特殊信号発光機や車内信号に停止信号を表示させたり、地上用信号炎管の発火、軌道回路を短絡させて停止信号を表示させたりするしくみになっています。ほかにも、夜間や悪天候時に踏切を明るく照らす**照明装置**、警報機や遮断機などが故障した場合に通行者に表示する**故障表示装置**などが設置された踏切もあります。

用語解説

特殊信号発光機
列車を緊急に停止させる必要がある場合に、発光信号を表示する装置。

信号炎管
列車を緊急停止させる信号の一種で火と煙で接近する列車に知らせるもの。

 豆知識

踏切の数
2014(平成26)年3月31日現在、第1種は2万9880カ所、第3種は794カ所、第4種は2981カ所、合わせて3万3655カ所がある。

踏切事故の数
鉄道と道路が平面で交差する踏切は衝突事故が起きやすく、2013(平成25)年度は125件の踏切障害事故が発生し、41人が死亡(乗客の死者は0人)、46人が負傷(同16人)。新たに鉄道を敷設する場合は、原則として踏切の設置が認められていないので、全線を立体交差にしなくてはならない。

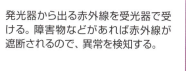

踏切のしくみ

発光器から出る赤外線を受光器で受ける。障害物などがあれば赤外線が遮断されるので、異常を検知する。

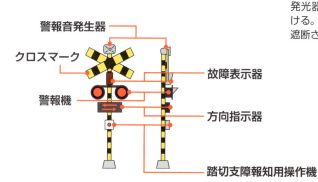

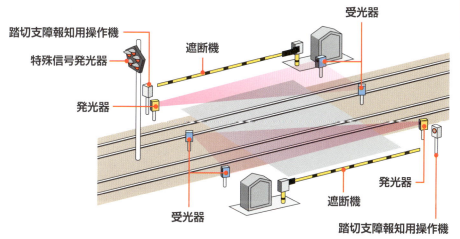

第1種踏切の全景

JR内房線大貫～佐貫町間に設けられた小久保踏切。第1種踏切で、警報機と遮断機を備えている。

踏切支障報知装置

小久保踏切に設置された踏切支障報知装置。踏切で車両などが立ち往生したり危険が発生したりしたとき、踏切が塞がれていることを駅や列車に知らせる。特殊信号発光機に停止信号を表示する。

次世代の信号システム

情報通信は無線で行なう

POINT
- 安全で便利な鉄道を目指し、新しい技術の開発が続く。
- JR総研はCARATを開発、JR東日本ではATACSを実用化。
- 各鉄道会社、信号機器メーカーでも新たなシステムが開発されている。

●無線を活用した制御システム

鉄道をさらに安全で便利なものにすべく、さまざまなところで新しい信号システムの研究が進んでいます。その代表例となるのが、JR総研で開発されている**次世代運転制御システム**です。「Computer and Radio Aided Train Control System」で、**CARAT**という略称で呼ばれています。

このシステムは車両に現在地を正確に検知する機能を持たせ、位置情報を地上システムに送ります。地上システムではすべての列車の位置をリアルタイムに把握し、それぞれの列車に**「どこまで進むことが可能か」**または**「どの地点までに時速何kmに速度を下げるように走れ」**という情報を伝えます。車両と地上設備の間の情報通信の手段は無線です。そして、車両では自らの性能、これから走行する線路のカーブや勾配、制限速度などの条件から、安全かつ最適な加速と制御が行なわれます。

●JR東日本でもシステムを開発

JR東日本ではCARATの実用版に当たる「**Advanced Train Administration and Communications System（略称はATACS）**」を開発し、2011年10月から宮城県の仙石線あおば通〜東塩釜間で使用しています。CARATと無線の周波数が異なるほか、踏切の制御も含んでいることなど、独自の要素があります。列車の位置に合わせ、最適なタイミングで踏切の警報機や遮断機を作動させなければいけません。

また、JR東日本ではCARATとは異なる無線によるシステム、**CBTC**を常磐線、埼京線に導入することを予定しています。また、ほかの鉄道会社や信号機器メーカーでも、新しい技術の開発が進められています。

用語解説

JR総研
JR総研は公益財団法人鉄道総合技術研究所という組織の略称。もとは国鉄の鉄道技術研究所だったが、国鉄分割民営化に伴い改組された。所在地は東京都国分寺市。

豆知識

CBTC
CBTCは無線を利用した列車制御システム「Communications-Based Train Control system」の略称。海外ではすでに普及している。日本のATACSもこの仲間。

CARATとATACS
CARATやATACSは、従来は地上の設備に頼っていた車両の位置の検知が車上の装置で可能となるほか、信号も運転台に設けられる。そのため、地上の設備が大幅にシンプルになり、コスト低減や信頼性向上といった効果がある。きめ細かな制御により、安全性も高くなる。

最新の信号システム：ATACSのしくみ

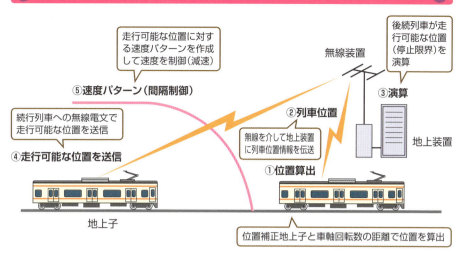

ATACSでは車両自身が位置を検知する機能を持ち、地上設備を介して後続列車に「どこまで走行可能か」という情報を伝達し、適切な速度制御を行なう。

現行方式とATACSの比較

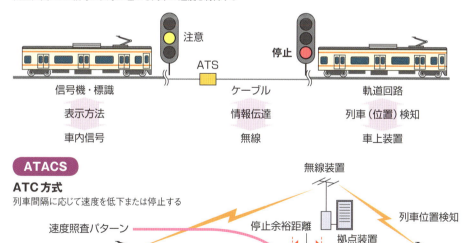

現行の自動閉塞式は線路を閉塞区間で区切り、それぞれの境界に設置した信号の指示に基づき速度が制限される。ATACSには閉塞区間という概念がなく、無線で情報を授受して先行列車との間隔を適切に保ったり、曲線や分岐に伴う速度制限に合わせるような制御が行なわれる。

三河島事故の教訓

ATSの設置の早期化を促した事故

　1962年5月3日、国鉄常磐線三河島駅構内で3つの列車が脱線する事故が起こりました。これを三河島事故といいます。この駅は、上野から来る旅客線と田端から来る貨物線が合流する場所にあります。

　事故は、ここで停車すべき下り貨物列車が停止位置を過ぎて脱線し、下りの旅客用の線路をふさぎました。そこへ下り電車が突っ込んで脱線し、車両が上りの線路にはみ出しました。この段階で、やがて接近する上り電車を止める手配（列車防護）を取らなかったために、数分後、上り電車が突っ込んで大惨事になってしまいました。現場は高架線で、脱線した車両のうち1両は高架下に転落しました。そして、死者160人、負傷者296人という大きな鉄道事故になってしまいました。

　最初に脱線した貨物列車は、通常では三河島駅を通過するダイヤでした。当日は遅延が生じていたため、三河島駅に停車して下り電車を先に通すことにしたのですが、信号の指示通りの減速や停止を行なわなかったことが、最初の脱線の原因です。貨物列車の脱線だけでなく、ほぼ同時に通る下り電車も、数分後に来る上り電車も停止させられず、被害が大きくなりました。

　赤信号で列車を自動で停止させることを目的としたATS（自動列車停止装置）は、当時まだ設置を計画している段階でした。三河島事故の再発防止としてATSの設置が急いで進められ、1966年には先行列車に接近したことを知らせる車内警報装置に確認ボタンを追加し、5秒以内にこれが押されない場合、非常ブレーキを作動させるしくみを導入したものを国鉄全線に設置しました。この装置はそれなりの効果は発揮したものの、警報が鳴ると条件反射的に確認ボタンを押してそのままブレーキを扱わなかったり、うるさいからとATSを切って走行し追突する事故も頻発しました。

　国鉄に遅れて導入することになった大手私鉄では、警報は不要、速度照査すること、可能なら非常ブレーキではなく常用ブレーキで速度を下げ、速度が安全なレベルに下がればブレーキを緩める方式を推奨しました。そうしてATCに近い機能のものが導入され、大きな事故が影を潜めました。

第10章
電車のサービスを支える仕事

電車を円滑に、安全に運行するために、
乗務員や駅務員を始め、列車整備など、多くの人がかかわっています。
どのような仕事があるのか説明しましょう。

乗務員の仕事
電車を安全に、ダイヤ通りに運行する

POINT
- 電車の乗務員とは、運転士と車掌のほか、車内販売・アテンダントなどの仕事をする人のこと。
- 閑散線区では、運転士が車掌の仕事を兼ねるワンマン運転も多い。

●運転士と車掌は乗務員の主たる存在

　鉄道の乗務員といえば、第一に**運転士と車掌**が挙げられます。運転士の仕事は**列車を操縦し、安全に時刻通り運行させる**こと、車掌の仕事は**旅客の乗降及び荷物の積み降ろしの確認、切符類の確認及び旅客サービス、運行支障が発生したときに応急処置を取る**ことなどです。

　JRでは、在来線の運転士は200km前後の走行距離で交代しますが、車掌は終点まで乗り通すことがあります。しかし、会社間をまたがる列車の場合、越境乗務は一部の列車に限られ、境界駅で引き継がれるケースが増えました。私鉄では運転士と車掌がペアを組む2人乗務も多く見られます。

　運転士・車掌のほか、電車の乗務員には**車内販売員**や乗客サービスを主に行なう**アテンダント**などもいます。

●電車の自動化で運転士・車掌が不要になることも

　近年、コスト削減のため閑散線区において運転士が車掌の仕事を兼務する**ワンマン運転**を実施している列車が増えています。

　地下鉄や新交通システムでは列車の運転を自動化する**運転保安システムATO**（自動列車運転装置）により、運転士の乗務を必要としない線区も存在します（P.186参照）。東京のゆりかもめや兵庫県の神戸新交通では無人運転が行なわれていますが、都営地下鉄大江戸線や名古屋市営地下鉄桜通線などでは運転台に乗務員が乗務しています。また、**ホームの定位置に停車する機能のみを自動化したTASC**（定位置停止支援装置）というのもあり、今後は閑散線区にATOやTASCが普及し、運転士・車掌が不要になることも予想されます。

豆知識

食堂車・ビュッフェが営業している列車

「北斗星」「カシオペア」の廃止によりJRの定期列車から食堂車・ビュッフェが消えたが、東武鉄道の「スペーシア」、近畿日本鉄道の「しまかぜ」ではビュッフェを営業している。

ATOでの運行

列車自動運転の場合、乗務員が乗務する際は乗降扉が閉まった後、乗務員が出発ボタンを押すことで発車する。

CLOSE-UP

出勤点呼前のアルコールチェック

自動車の運転と同様、鉄道でも飲酒運転は絶対にやってはいけないこと。点呼時にはアルコール検出装置に息を吹きかけ、検出された数値が規定度数を超えると、乗務できなくなる。

乗務員のさまざまな仕事

電車の乗務員の仕事には、列車の操縦だけでなく、旅客の乗降の確認、切符類の確認などもあります。

運転士
自動車のアクセルに当たるマスターコントローラーとブレーキを操作し、進行方向に障害物がないか確認しながら、信号に従って進行する。
（写真提供：京浜急行電鉄）

車掌
利用者の乗り降りの安全を確認し、乗降扉を操作する。さらに案内放送、車内の安全、乗り越し精算など、走行中の仕事も多岐にわたる。
（写真提供：東急電鉄）

アテンダント
車掌職ではないが、高齢者の乗客に対して乗り降りの補助を行なったり、観光客へ沿線の案内を行なうなど、列車内で乗客が快適に過ごせるように気を配る。
（写真提供：東急電鉄）

TRAIN COLUMN

JR東日本のグリーンアテンダント

　グリーンアテンダントとは、JR東日本の特急・普通列車のグリーン車に乗務する客室乗務員です。2002年に東北・秋田新幹線「はやて」「こまち」のグリーン車で乗務を開始し、2004年に東京圏の普通列車グリーン車にも乗務するようになりました。
　乗務内容はグリーン車内の改札業務及びグリーン券の販売、飲食類の車内販売、車内の案内などです。グリーンアテンダントはJR東日本社員ではなく、グループ企業の日本レストランエンタプライズ（NRE）の職員が担当しています。

駅務員の仕事
鉄道の顔として地域に根ざす

- 駅には旅客駅と貨物駅の2種類がある。
- 営業業務と運転業務の2つがある。
- 運転業務は列車の安全運行に欠かせない信号を取り扱う。

●旅客駅が大半を占める

　鉄道の駅には旅客駅と貨物駅の2種類があります。大部分は旅客駅で、一般的に「駅」という場合はこちらを指すことがほとんどです。この旅客駅で働く駅務員の仕事は、営業業務と運転業務に分かれます。

　営業業務は旅客の取り扱いに関するもので、出札・改札・集札・精算・旅客案内を行ないます。出札とは切符の発売です。近年は自動券売機で座席指定券も買えますが、JRの「みどりの窓口」では駅務員が手売りで指定券を発売しています。売上金の集計も重要な仕事です。

　改札は旅客が保有する切符の確認作業を行なうことです。かつては駅務員が改札口に立ちましたが、近年は自動改札機が普及し、その姿も少なくなりました。**集札**は切符を回収する作業です。**精算**は乗り越しの精算で、自動精算機も増えています。**旅客案内**は構内放送や体の不自由な人の補助などです。

●集中制御により運転業務を行なう駅は減少

　運転業務は列車の運行に関するもので、信号機・分岐器（ポイント）の操作、ホームに立ち発車ベルを鳴らす、列車の到着・発車時の安全確認などを行なうことです。このうち、発車ベルについては、車掌の業務になっているケースが増えました。

　初期の鉄道は、信号機・分岐器の操作を人力で行なっていましたが、やがて連動制御盤を使って駅構内の機器を一括で操作できるようになりました。近年は列車本数・種別が増えて人力では間に合わなくなり、**CTC（中央列車制御装置）とPRC（プログラム進路制御）の導入**が進みました。このため信号機・分岐器取り扱いを行なう駅は少なくなっています。

用語解説

CTC (Centralized Traffic Control)
路線の信号機や分岐器など、列車の進行に関するシステムを指令所で一括して管理・操作して、列車の運行を遠隔制御する方式。「列車集中制御」とも呼ばれる。

PRC (Programmed Route Control)
CTCの表示情報を基に、それぞれの列車の運転状況と移動状況を追跡し、その結果とダイヤ情報に従い列車の進路制御を自動的に行なう。

CLOSE-UP

連動制御盤
信号機と分岐器を制御し、列車が安全に進行できるよう進路を構成する保安装置を「連動装置」と呼ぶ。これを操作する機械が連動制御盤。

駅の構内で働く

旅客駅では駅務員と呼ばれる人々が働いています。

ホームで利用者の乗降の安全と列車のドアを確認する

駅務員はホームに立って利用者がすべて乗車したか、車両のドアが安全に閉じられたかを確認する。運転士は駅務員の合図を待って列車を出発させる。
(写真提供：京浜急行電鉄)

身障者に対する補助も行なう

車椅子を利用している乗客は、1人で列車の乗降をするのが難しい。これを補助するのも駅務員の大切な仕事です。
(写真提供：東急電鉄)

改札口で切符を確認

駅員が改札口に立ち、切符を確認する。近年は自動改札機が増え、その数は減っている。

TRAIN COLUMN

駅が舞台の映画

映画の黎明期から、鉄道を題材にした作品は多数つくられていました。有名なところでは、米国で制作された『終着駅』(1953年)、日本では高倉健が主演した『駅 STATION』(1981年)、『鉄道員(ぽっぽや)』(1999年)が挙げられます。2015年10月には、第28回東京国際映画祭のクロージング作品として、桜木紫乃原作『起終点駅 ターミナル』が公開されました。舞台は『駅 STATION』がJR留萌本線増毛駅、『起終点駅 ターミナル』がJR根室本線釧路駅、『鉄道員(ぽっぽや)』はJR根室本線幾寅駅がロケ地になっています。北海道の駅は映画に映えるようです。

近年急速に発達した サービス用のシステム

POINT
- IT革命で鉄道にも、自動改札機、携帯電話による予約システム、リアルタイム案内などの新しいサービスが誕生した。
- 出発直前の指定券予約も可能になった。

●利用者が便利になるサービスを構築

　国鉄の指定席の予約作業は、昭和30年代まで指定券管理センターで行なわれていましたが、1960年に**マルスシステム（MARS、Multi Access seat Reservation System）**の運用が開始され、コンピュータによる指定席の予約・管理・発券ができるようになりました。

　マルスシステムの導入により指定券の予約は格段に便利になりましたが、このときはまだ予約をするために一度駅へ出向かなければなりませんでした。現在はインターネットによる座席指定予約が可能となり、携帯電話・スマートフォンを利用した**チケットレスサービス**が行なわれています。2001年、**小田急電鉄は、携帯電話で特急券を購入し、そのまま乗車できる会員制の「ロマンスカー＠club」**を始めました。チケットレスサービスはJR東日本・JR東海・JR西日本のほか、座席指定列車を運行する大手私鉄にも普及しています。

●列車運行情報をリアルタイムで掲示

　都市部では、運行情報を掲示する大きなモニターがある駅が増えています。異状発生による列車の遅延情報をリアルタイムで知らせるもので、近年は、乗降扉の上部にモニターを設置した車両が増えています。このモニターは次駅や乗り換え路線、他線の運行情報をリアルタイムで乗客に知らせます。

　また、インターネットで**列車ダイヤや運行情報を提供する**民間事業者も現れています。蓄積したデータから最速あるいは運賃が最安のルートを無料で表示し、多くの利用者を集めています。これらもIT革命により実現したもので、今後はさらに重要度が増すでしょう。

用語解説
マルスシステムの進化

1960年に誕生した「MARS-1」は4列車、3600席、最大15日分の予約が可能だった。1964年に改良版の「MARS-101」が稼働し、1日当たり3万席が収容可能となった。その後も進化は止まらず、1972年の「MARS-105」は1日当たりの収容座席70万席、2年後には100万座席に拡大した。現在の「MARS-501」は2002年に稼働し、集中処理の考えをやめて、サーバーを導入して分散処理型になった。

CLOSE-UP
運行情報アプリも登場

インターネットのポータルサイトだけでなく、携帯電話でも鉄道の運行情報を提供する事業者がある。さらに最近はJR東日本やJR西日本、東京メトロなど鉄道事業者が自社管内の運行情報を知らせるスマートフォン向けアプリを提供している。

ICカードシステム

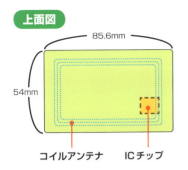

ICカードには、超小型ICチップとコイルアンテナが内蔵され、読み取り装置とカードの情報交換が電磁波で行なわれる。パスケースから出さずに、すぐ近くにかざすだけでも読み取ることができるが、確実な読み取りのため、1秒以上のタッチが推奨されている。
携帯電話などにICチップを内蔵させることもでき、JR東日本では「モバイルSuica」としてスマートフォンを使ったサービスも展開している。

インターネット予約システム

パソコンや携帯電話などの端末

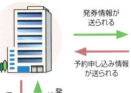
センターシステム

発券機

駅管理サーバー

改札機

パソコンなどから鉄道会社のサイトにアクセスし、列車の予約ができるインターネット予約システム。列車の予約申し込み情報はセンターで集中管理し、駅の管理サーバーに予約情報が、発券機には発券情報が送られる。管理予約情報を持っていればICカードを利用して、切符なしで乗車できるチケットレスサービスも広まっている。

TRAIN COLUMN

チケットレスサービスを行なう事業者

携帯電話を切符の代用とするチケットレスサービスが、鉄道事業者の間に広がっています。これは航空業界がいち早く進めたもので、21世紀に入り、ようやく鉄道にも浸透してきました。JR東日本は「モバイルSuica」、JR東海・西日本は「エクスプレス予約」、西武鉄道は「Smooz」、小田急電鉄は「ロマンスカー＠club」、南海電気鉄道は「南海鉄道倶楽部」の名称を付けて、会員制で実施しています。このほか京成電鉄・近畿日本鉄道などでもチケットレスサービスが行なわれています。精算はクレジットカード利用となります。

安全・安定輸送を守る
運転司令員（指令員）の仕事

POINT
- 運転司令員は列車の運行を管理する。
- 近年はコンピュータ化が進んでいるが、事故や車両故障など、いざとなれば人の手でダイヤを回復する。

●列車の運行を管理する職員

運転司令員は、**列車運行を管理し運転士・車掌や駅務員に対して指示を与える職員**です。列車の運行状況や指令所内に配置されている機器を監視し、安全で安定した輸送を実現する指令を発信する役割を担っています。このためにダイヤ乱れなどの状況に応じて的確な判断を迅速に行なわなければなりません。路線の形状や天候など沿線の状況、朝・昼・夜における乗客数などを把握し、各駅と情報を共有し適切な運行計画を立てて周知させます。

なお、運転司令員が詰める所在地は、列車運行の中枢を担

用語解説

振替輸送
鉄道が何らかの事情で不通になった際に行なわれる利用者補償措置の1つ。当該区間の乗車券を保有する利用者が「振替乗車票」を受け取り、他社線を利用する。

>>> 列車運行を管理する

うため、**一般には明かされていません。**

●指令内容は細分化されている

　列車の運行本数は、平日・土休日、沿線でのイベント開催などによって増減があります。また、相互乗り入れを行なっている事業者は、他社の運転司令と密に連絡を取り、他社線での遅れが自社線に影響してもそれを最小限に抑える手配をします。

　司令業務は内容により細分する事業者が多くあります。輸送司令はリアルタイムに輸送の状況を知り、**ダイヤ通りに運行されているかを監視し、遅れが生じた場合の処理**を行ないます。旅客指令は**列車の接続、バス代行など代替輸送の手配など**を担当し、運輸司令はダイヤが乱れた際、輸送司令と連携して乗務員を手配し、事故や車両故障に遭遇した列車の乗務員に対しては、応急処置のアドバイスを行なっています。

　なお、西武鉄道では「司令員」、JR東日本は「指令員」の例があるように、鉄道事業者によって表記が異なります。しかし、仕事の内容はほぼ同じです。

用語解説

バス代行輸送

災害などで列車の運行ができなくなった際、鉄道事業者が列車に代わってバスを手配する。不通区間の乗車券を保持していれば、その乗車券で利用できるが、持っていない場合は代行区間に相当する鉄道運賃がかかる。

第10章　電車のサービスを支える仕事

運転指令所

運転指令所にたくさん並べられたモニターには配線図が描かれ、列車がどの位置にいるかがリアルタイムで表示されている。職員はこれを見ながら、運転士や駅務員に適切な指示を与える。
（写真提供：西武鉄道）

TRAIN COLUMN

新幹線の運転指令所はどこに？

　東海道新幹線は開業時からCTCを導入し、電光式の配線図上に1列車ごとの位置を表示して、運行を管理していました。そこは新幹線の中枢と呼べる「新幹線総合指令所」で、現在は東海道・山陽新幹線の指令業務・運行管理、九州新幹線博多～新鳥栖間の運行管理を行なっています。国鉄からJR転換直後までは住所も公開され、東京都千代田区に所在することが分かっていますが、現在は詳細な住所は伏せられています。首都圏での大災害やテロなども想定して、大阪にも同じ機能のものがあります。

車両基地の仕事
車両の整備を行ない、夜間に留め置く

POINT
- メンテナンスを行なう基地と、車両を留置するだけの基地がある。
- 車両工場に隣接する基地もある。
- 沿線に確保できない場合は、相互乗り入れ先に設ける基地もある。

●車両を収納するには広い敷地が必要

　鉄道の車両基地は、**車両のメンテナンス（保守・整備）を施す基地**と、**車両を留置する基地**があります。メンテナンスを行なう基地には、車両検査設備や洗浄設備、中には車両工場を併設しているところもあります。車両基地では運行時間（期間）や走行距離によっていくつかの検査が行なわれ、判明した不具合は是正されます。

　これらの基地には、多くの車両を留置するための広大な敷地が必要です。都心をターミナルとする大手私鉄では、開業時は都心に近い場所に保守・整備を行なう基地を設けていました。しかし、車両数が増えるに従って収容しきれずに郊外に移転するケースが増えました。

　京王電鉄桜上水駅や小田急電鉄経堂駅は新宿駅から10km未満と、比較的近い場所に立地しますが、新宿発の最終電車の終着駅になっています。これは近くに留置する基地があるためで、もとはメンテナンスを施す基地でしたが、その設備は郊外に移転されています。

●東京メトロの一部の基地は自社線内にない

　東京メトロの基地は、銀座線が上野と渋谷、丸ノ内線が茗荷谷と中野富士見町というように沿線に設けられ、大半の基地は地上に位置しています。しかし、沿線に車両基地が確保できず、**相互乗り入れ先の沿線に基地を確保**している例もあります。また、路線ごとに運行される車両形式が定まっている東京メトロは、1つの車両工場で複数車両の保守を手がけるため、通常は旅客列車が走らない路線間の亘り線を車両の回送に用いています。

豆知識

車両基地が移転した例

関東の私鉄で車両基地が郊外に移転した例は、西武鉄道が保谷から武蔵丘へ、京王電鉄が桜上水から若葉台へ、小田急電鉄が経堂から相模大野や海老名へ、後に喜多見へなど、数多くある。いずれも保有両数が増えて手狭になったために移転した。

 CLOSE-UP

東京メトロの連絡線

車両を回送する目的で路線間を結ぶ連絡線が東京メトロに存在する。銀座線〜丸ノ内線は赤坂見附駅の新橋側に、千代田線〜有楽町線は霞ケ関駅付近と桜田門駅の間に、有楽町線〜南北線は飯田橋〜市ケ谷間にある。

車両の定期検査項目と最大周期

検査は耐摩耗性・耐久性を考慮して安全運行を高めるために実施されます。しかし、過剰な検査は初期故障の要因を増やし不経済であるだけでなく、かえって車両運行の信頼性を下げることもあり、適切な期間での検査が求められます。

検査	内容	車両の種類	検査周期	走行距離の制限
仕業検査[※1]	台車・集電装置など運転に必要な点検を、編成のままで実施する	新幹線電車	48時間	―
		新幹線以外の電車	2〜6日[※4]	―
		無軌条電車[※2]	2〜6日[※4]	―
		モノレール・新交通システム	2〜6日[※4]	―
状態・機能検査[※3]	主回路の不具合など、仕業検査より詳細に検査する	新幹線電車	30日	3万km
		新幹線以外の電車	3カ月	―
		無軌条電車	1カ月	―
		モノレール・新交通システム	3カ月	―
重要部検査	車両の主要部分を分解して、その状態・機能について検査する	新幹線電車	1年6カ月（2年6カ月[※5]）	60万km
		新幹線以外の電車	4年	60万km
		無軌条電車	1年	―
		モノレール・新交通システム	3年（4年[※5]）	―
全般検査	車両の主要部分を取り外し、全般にわたり検査する。オーバーホールに相当	新幹線電車	3年（4年[※5]）	120万km
		新幹線以外の電車	8年	―
		無軌条電車	3年	―
		モノレール・新交通システム	6年（7年[※4]）	―

※1　事業者により「列車検査」とも呼ぶ。
※2　無軌条電車とは、トロリーバスのことで、道路の上空に張った2本の架線から電力を得てモーターで走行する電車。
※3　「交番検査」と呼ばれることが多く、事業者よっては「月検査」とも称する。
※4　表の定期検査以外に、必要に応じて臨時に行なわれる「臨時検査」がある。
　　　「検査周期」「走行距離の制限」は、どちらかの短い期間が採用される。
※5　新車に対して行なわれる期間
　　　「施設及び車両の定期検査に関する告示」（国土交通省）から引用。

TRAIN COLUMN

他社線にある東京メトロの車両基地

　左ページで述べたように東京メトロの一部の車両基地は、沿線に土地が確保できず、相互乗り入れ先に基地を構えているケースがあります。具体的には、日比谷線が東武スカイツリーライン竹ノ塚駅、半蔵門線が東急電鉄田園都市線鷺沼駅の近くに設けられています。これらの車両基地への出入庫を兼ねた列車が設定されていますが、当該列車には東京メトロの車両が充てられています。

車両保守・整備の仕事

ブレーキや集電装置、床下機器や主回路装置など

- 安全輸送のためのメンテナンスが最重要の仕事。
- 新幹線と在来線では内容が異なる。
- 全般検査は、10日〜2週間かかることもある。

●検査期間は省令で定められている

車両のメンテナンス（保守・整備）は、**安全・安定輸送を行なうために欠かせない仕事**です。日本の鉄道車両検査は、2001年に国土交通省が制定した「鉄道に関する技術上の基準を定める省令」第89条・90条において検査を行なわなければならないとされています。さらに「施設及び車両の定期検査に関する告示」において、検査項目や期間について大筋の内容が定められています。

検査周期は定められた期間を超えない範囲で実施されなければなりません。新幹線とそれ以外の電車では、次回に実施する検査までの期間及び走行距離が異なります。これは新幹線が時速200km超で走行するため、最高130km程度のスピードで走るJR在来線や私鉄の車両とは全く異なる条件下にあるためです。

●車体の洗浄、車内の清掃作業も重要な仕事

建屋内では**ブレーキの制輪子や集電装置のすり板など消耗品の交換、床下機器の動作確認、主回路装置の絶縁試験**など、車両個々の部分について検査を行ないます。この中で最も大規模なものはオーバーホールに相当する「全般検査」で、機器装置から座席、乗降扉まで取り外し、全体にわたって細部まで検査を行ないます。このため**整備期間が10日〜2週間**かかることもあります。

車両検査は緊急を除き、検査を行なわなければならない次回までの期間・走行距離が決められています。**鉄道事業者はその期間・走行距離を超えない範囲で再検査を行なわなければなりません。**

CLOSE-UP

車体と台車を分離するには

重要部・全般検査の際は、車体と台車が分離され、それぞれのメンテナンス場へ送られる。分離には主に門型アームが付いた天井クレーンが用いられ、車体をつるす。天井が低い工場ではリフトジャッキを使用する。

工場での車両整備

JRや大手私鉄の自社工場では、次のような車両整備が行なわれています。

車体と台車に分ける

入庫してきた車両は大型の天井クレーンによって車体と台車に分けられる。その後、車体は天井クレーンにつられたまま車体職場へ、台車はレールに沿って台車職場へ移動する。

台車整備

台車は台枠・車軸・車輪などに分解され、ネジ1個までメンテナンスを施し、再び同じように台車を組み上げていく。途中で超音波探傷装置にかけられ、細かな傷も見逃さない。
(写真提供:東急電鉄)

車両移動を行なうトラバーサー

天井が低い建屋や露天の場所などにおいて車両を移動させる機械。トラバーサーに車両を乗せて横方向に水平移動し、目的の車体置き場付近へ送る。トラバーサーへの出し入れは構内牽引機が用いられる。
(写真提供:小田急電鉄)

TRAIN COLUMN

鉄道に関する技術上の基準を決める省令

鉄道営業法第1条に基づき制定され全11章、120条からなる国土交通省令。それまでの「新幹線鉄道構造規則」「新幹線鉄道運転規則」「普通鉄道構造規則」「鉄道運転規則」「特殊鉄道構造規則」「特定鉄道施設に係る耐震補強に関する省令」をまとめたもので、2001年12月25日に公布され、翌年3月31日に施行されました。これにより、国が定めた技術基準の範囲内で事業者は個々の実情に合った技術基準を決め、これを国土交通大臣に届け出れば、自社の責任のもとに車両や施設の新設・改良・保全などを実施することが可能となりました。

保線の仕事

終電から始発までが作業時間

POINT
- 日中に検査をして、作業は主に深夜帯に行なわれる。
- 大型機械の導入で能率が上がった。
- 近年は総合検測車が導入されている。

●異常の有無を点検して、安全を守る

　鉄道の維持にとって、施設の保守管理は大切な仕事です。安全運行を支える点で、**線路の保守（保線）**は欠かせません。保線作業は、昼間に検査員が作業車に乗り、目視や検査機器を用いて行ないます。近年では、**軌道・架線の状態を営業列車と同じ速度で走りながら検査できる総合検測車を導入する事業者**が増えました。新幹線の「ドクターイエロー」「East i」、東急電鉄の「TOQi」などが検測車です。総合検測車は、ほとんどが日中運行されます。

　ここで得られたデータを基に修繕や交換をする場所を決めます。レールや架線の交換など、大がかりな作業は営業列車のダイヤを乱さないよう終電後の深夜帯に行なわれます。

●外国製の大型機械が活躍する

　保線作業は終電から始発までの間に行なわれますが、都心では終電が遅く始発が早いため、**作業時間は実質3時間程度**しかありません。そこで省力化と作業の効率化、何より職員の安全などの面から、保線作業に大型機械を導入する大手事業者が増えました。

　代表的な車両は「**マルチプルタイタンパー**」です。崩れた道床は乗り心地を悪くする原因の1つです。マルチプルタイタンパーは枕木とその下の道床に爪を差し込み、振動を与えた後に道床の突き固め作業、さらに正規の位置からずれたレールの整正作業を一度に行ないます。ほかにレール内部を非破壊検査する「**レール探傷機**」、レールの表面を削って乗り心地をよくする「**レール削正車**」、架線の張り替え作業時に使用する「**架線延線車**」などがあります。

用語解説

East i
JR東日本が保有する電気・軌道総合試験車の愛称。新幹線・ミニ新幹線（標準軌線）用のE926形、在来線電化区間用のE491系、非電化区間用のキヤE193系がある。

CLOSE-UP

外国製の大型機械を導入
日本の鉄道で使用されているマルチプルタイタンパーの大半は、オーストリアのプラッサー＆トイラー製。同社の製品は世界各国に輸出され、1971年には日本法人が設立された。
また、スイスのマティサ社製もあり、この2社で世界のマルチプルタイタンパーのシェアを二分している。

安全運行のための保線作業

ドクターイエロー
東海道・山陽新幹線の軌道と架線を、営業列車と同じ速度で走行しながら検測することができる。運行は10日に1回程度で、走行時間は非公開。

京急電鉄のマルチプルタイタンパー
京急電鉄のマルチプルタイタンパーは、プラッサー&トイラー製。台車に挟まれた中央に枕木と道床に差し込む爪がある。

新幹線の保線作業

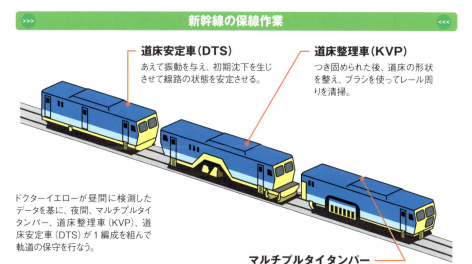

道床安定車(DTS)
あえて振動を与え、初期沈下を生じさせて線路の状態を安定させる。

道床整理車(KVP)
つき固められた後、道床の形状を整え、ブラシを使ってレール周りを清掃。

マルチプルタイタンパー
線路上を列車が走り、線路のゆがみの整正を行なう。線路を持ち上げて左右に移動させ、枕木の下の道床を高圧力でつき固める。

ドクターイエローが昼間に検測したデータを基に、夜間、マルチプルタイタンパー、道床整理車(KVP)、道床安定車(DTS)が1編成を組んで軌道の保守を行なう。

TRAIN COLUMN

保線機械を間近に見るには

深夜帯に作業が行なわれる保線作業ですが、そこに使用される車両・機器類は日中、主要駅から少し離れた留置線や車両基地で待機していることがほとんどです。しかし、留置線や車両基地は普段は入れない施設で、その姿がよく見えません。車両基地の一般公開イベントでは、保線車両が展示される機会が多く、ときには実演することもあります。

IT化が進み、ますます重要になってくる
電気・信号関係の仕事

POINT
- 電気の仕事は、電気鉄道に電気を安定的に供給する。
- 信号は閉塞・踏切など、運行保安に関係する。
- 鉄道の安全を担う重要な役割。

●変電所・架線など、電力設備を管理する

電気鉄道で使用される電気は、電車が運行する電圧に変換された後、変電所から高圧配電線を通じて駅へ、き電線・架線を通じて電車に電気が供給されます。電気関係の仕事とは、**鉄道で電気が通るところをすべて検査・保守する**ことです。

き電線・架線は電車に送電する要の設備です。職員はパンタグラフと接触する架線の摩耗や劣化状態を目視や総合検測車などで検査します。検査は列車が運行している日中に行なうため、感電や電車との接触の危険もあり、必ず列車見張員を配置し、安全を確認しながら行ないます。トロリー線の張り替え作業は営業運転終了後の夜間に行なわれることが多いです。

電車の動力用とは別に、駅の照明、自動券売機・改札機などの電力を担当する部署もあります。最近は案内表示にLEDが用いられ、これらの取り付け・保守なども仕事に含まれます。

●安全の根幹となる信号関係の仕事

信号関係の仕事とは、列車の安全運行に不可欠な踏切、信号機、分岐器、列車を自動制御するATCやATSなど制御信号の保守、点検、施工業務などです。日々の業務は、これらが正常に作動しているか現場を巡回し、信号機の向きや機器類の電圧測定などの点検をします。電気関係と同様に線路内での作業が多く、列車の通過に気を付け、安全に作業を進めます。

信号関係は配線が複雑で、手順を誤ると列車の運行が停止するため、ミスは許されません。また、1つのミスが人命に直結することもあり、常に緊張感を求められる仕事といえます。

点検は日中、作業は夜中になることが多く、特にATCや分岐器の交換などは大がかりな工事になります。

豆知識

架線の取り替え時期

電車に電気を送る架線は、パンタグラフと接触して摩耗する。点検は目視や総合検測車を使用し、摩耗具合や高さ、偏位などを測定する。この結果、摩耗が進行している箇所は架線延線車などを使って架線を張り替え、同時にレールからの高さ、トロリー線の緩みを調整する。

 CLOSE-UP

太陽光発電システムが増える

東日本大震災以降、省エネの観点から太陽光発電システムを導入する鉄道事業者が増えている。東京メトロや西武鉄道は駅の屋根に、東武鉄道や近畿日本鉄道は社有地にソーラーパネルを設置した。

電力設備の整備

変電所
発電所からの高圧電力を、鉄道で使用する電気に変換するために沿線に設けられている。JR在来線では直流1500V、交流50/60Hz、2万Vが使用されている。直流に比べて交流は電圧を高くできるので、変電所の数を減らせる。

電力区職員の作業
変電所から駅に電気を供給する高圧配電線や電車に電気を供給するき電線・架線（電車線）と支持物などの設備検査・補修業務を行なう。検査は電車が運行している日中に行なうため、感電や触車の危険もあるので、列車見張員を配置し、安全を確認しながら作業を行なう。（写真提供：京浜急行電鉄）

安全のために配置された信号

電車の安全確保のため、路線のあちこちに信号が配置されています。下記は一例です。

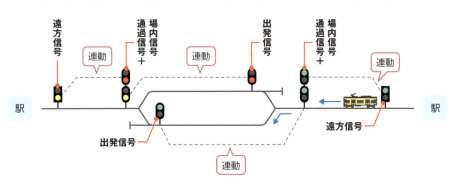

TRAIN COLUMN

えっ!? こんなところに踏切？

　踏切は線路と道路の交差部分に、警報器や遮断かんを設置して鉄道と線路の安全を守るものです。一般的に地上部分に設けられていますが、意外にも新幹線や地下鉄にも踏切があります。
　もちろん、これらは本線部分ではなく、新幹線は東海道新幹線の工場である浜松工場への引き込み線に、地下鉄は東京メトロ銀座線上野駅から上野検車区への引き込み線に設けられています。いずれも営業線ではありませんが、運がよければ遮断かんが降りて新幹線や地下鉄車両が踏切を通過するシーンが見られます。

事故・災害発生時の訓練

警察・消防と合同で実施することも

POINT
- 事故・災害の対応には訓練、職員の学習、マニュアルの整備が重要。
- 異常時にも利用者から信頼されるためには、十分な準備を行なわなければならない。

●鉄道の早期復旧のために欠かせない

　鉄道の事故にはさまざまなものが想定されます。車両・信号・電力施設の不具合、人身事故、踏切事故……。事故への対応には、普段から訓練学習、マニュアルの整備などが必要です。

　駅などの現業機関では非常時訓練を折に触れて行なっており、**年に1度は職場の垣根を越えて総合訓練が実施されています**。異常時に対するマニュアルは、普段とは異なる取り扱いとして整備することで、鉄道の信頼度を上げる準備になります。

●脱線の復旧から踏切事故まで再現する

　総合訓練の多くは車両基地の一角で行なわれます。

　小田急電鉄の例を見てみます。この訓練には、約300人の現業の職員が参加します。報道陣だけでなく、公募で選ばれた鉄道利用者にも公開されます。

　訓練は警察署・消防署との合同で、「列車が踏切で乗用車と接触し、脱線した」として、本番と同じ状況を設定します。踏切事故に見立てた訓練では、立ち往生した自動車と緩衝材を前面に据えた車両を接触させます。運転士は事故発生を知らせる発煙筒を自動車の周囲に置き、車掌は簡易ハシゴやロングシートを使って乗客の降車誘導を図ります。

　脱線復旧の訓練は脱線した車両を別に用意し、複数の作業員で作業します。1両当たり30t以上ある重量物なので、リーダーの合図で油圧ジャッキを駆使し、車両の高さを調整しながら少しずつ持ち上げます。このほか**切断した架線の復旧、救助した乗客の応急処置**など、複数の項目が行なわれます。総合訓練は、事故対応だけでなく安全を再確認するうえでも必要なものなのです。

豆知識

現業機関

駅や車両基地など、列車の運行と乗客にかかわる部署。総合訓練では現業機関の職員が参加するが、その間も列車は動いているので、全員が参加しているわけではない。

CLOSE-UP

事故車両からの脱出

電車には運転台に折り畳み式の簡易ハシゴが用意されている。ロングシートを使用する際は、シートを外して乗降口と線路脇の間に斜めに渡し、乗客はこれを滑り台として脱出する。

いざというときのために欠かせない訓練

事故や災害が起きたとき、迅速な対応のためにも、定期的な訓練が行なわれています。下の写真は東急電鉄と西武鉄道の訓練の様子です。

脱線の復旧訓練

東急電鉄の訓練。車両の下に油圧ジャッキを差し込み、車体を浮かせて、台車をレールに戻す。ジャッキは一度に上げるのではなく、作業責任者の合図によって少しずつ持ち上げていく。
（写真提供：東急電鉄）

車内からの脱出訓練

西武鉄道の訓練。実際の事故を想定して、簡易ハシゴやロングシートを乗降口から地面に渡して、乗客役の参加者を誘導する。こうした地道な訓練がいざというときに役に立つ。
（写真提供：西武鉄道）

担架で運ぶ訓練

西武鉄道の訓練。重傷者の発生を想定した訓練では、合同で参加した警察署・消防署の出番となる。速やかに重傷者を担架に乗せて道床とレールの上を移動する訓練が行なわれた。
（写真提供：西武鉄道）

TRAIN COLUMN

踏切に立ち往生した場合の対応は

　脱輪などで自動車が踏切で立ち往生すると、このままでは電車と衝突してしまいます。これを回避するため、手動で踏切支障検知ボタンを押すか、発炎筒で向かってくる列車に知らせます。踏切支障検知ボタンを押せば、特殊発光信号機が作動します。また、緊急停止信号を発令し、付近を走行中の電車を止めるよう指令所から指令が発せられます。

長大列車を運転する
あこがれの運転士になるには

命を預かる重要な仕事、長期にわたり講習・訓練が続く

　電車の運転士になるには、まず電鉄会社へ就職します。新卒ですぐに運転士になれるわけではなく、駅務員や車掌を数年経験して、運転士登用の社内試験に合格して初めて運転士への道が開けます。

　運転士の免許は「動力車操縦者免許」という国家資格で、新幹線の運転にはさらに「新幹線電気車」の免許が必要です。一般に高卒者からの登用が多いですが、大卒者でも希望をすれば運転士登用試験が受けられます。

　運転士登用試験では視力・聴力などの身体検査、反応速度、注意力などを調べる適性検査などがあります。これに合格すれば、それぞれ約4〜5カ月間の学科講習の後、学科試験、次いで技能訓練（乗務訓練と構内訓練がある）、そして、約9カ月の見習いの後に機能試験を受けて、動力車操縦者免許を取得できます。

　これほど厳しい審査・試験を経るのは、電車の運転士が乗客の命と安全を守る重要な仕事だからなのです。

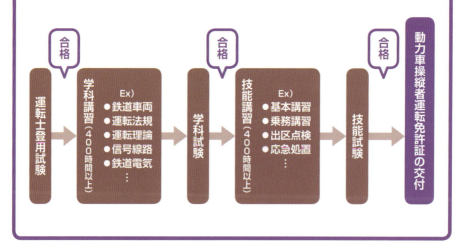

さくいん

英数字

- 2軸車　64
- 3軸ボギー台車　64
- ACCUM　93
- AGT　26
- ATACS　194
- ATC　122、180、184
- ATO　186、198
- ATS　122、182、196
- CARAT　194
- CBTC　194
- CTC　200
- GTOサイリスタ　88
- ICカードシステム　203
- IGBT　88、90
- MARS　202
- MT比　15、62
- PRC　200
- TASC　186、198
- TD平行カルダン駆動式　70
- VVVFインバータ　22、84、86、88、92
- WN駆動方式　70

あ

- アタック角　68
- アテンダント　198
- アプト式　164
- アルミ合金製　28
- アルミ合金ダブルスキン構造　30
- 位相　158
- 一体式車輪　58
- インバータ　86、90、108、120
- インピーダンスボンド　166
- 渦電流レールブレーキ　112
- 腕木式　180
- 運行形態　150
- 運転士　198
- 運転司令員（指令員）　204
- 運転台　48、128
- エアセクション　163
- 永久磁石同期電動機　84
- 永久連結器　116
- 営業業務　200
- 駅　140、142
- エンジン　12
- オールステンレス　30
- オールロングシート　18
- 汚物処理装置　50
- 折戸　34

か

- カーブ　60
- 改札　200
- 界磁制御　78、80
- 界磁チョッパ　82、108
- 界磁添加励磁制御　108
- 回生失効　168
- 回生電力貯蔵装置　168
- 回転磁界　84
- 回転式クロスシート　38
- 開電路式軌道回路　179
- 解放てこ　116
- 架空地線　170
- 火災対策　54

架線	118、212
架線電圧	76
架線レスバッテリートラム	12
カテナリー吊架式	160
カルダン駆動方式	22
緩急結合型	148
緩急分離型	148
緩衝器	116
間接制御方式	80
貫通扉	32
貫通路	42、54
カント	144
緩和曲線	145
機械ブレーキ	96、98
軌間	136
帰線	166
基礎ブレーキ装置	72
き電回路	158
き電線	212
き電吊架線方式	160
軌道回路	178
気動車	12
逆転器ハンドル	128
狭軌	137
空気圧縮機	124
空気ばね	68、124
空気ブレーキ装置	102
組合せ制御	80
組立式車輪	58
グリーン車	20、39
クロスシート	18、38
形式表記	20
警笛	126
警報機	192、194

検査周期	208
検修庫	152
限流値制御	80
広軌	137
鋼製	28
剛性	68
交通バリアフリー法	52
後部標識灯	126
交流	76
交流電化	16、76、156
交流電源装置	88
交流電動機	78、84
交流モーター	22
込め溝	100
コレクターシュー	164
転がり抵抗	60
ころ軸受	66
コンデンサ	122
コンバータ	90、108、120

さ

最大粘着力	62
サイリスタ	88
座席	38
三線軌条	136
三相交流	158
三相交流電流	84
三相誘導電動機	86、92
磁界	156
色灯式	180
磁気浮上式鉄道	26
軸受	66
軸箱支持装置	66

さくいん

軸ばね	66
自動空気ブレーキ	100
自動ブレーキ	102
自動閉塞式	174、176
自動列車運転装置	186
自動列車制御装置	180、184
自動列車停止装置	182
自動連結器	116
車掌	198
車体	28
車体傾斜装置	74、144
車体装架カルダン駆動式	70
遮断かん	192
遮断器	170
車内販売員	198
車両	32
車両基地	152
車輪	58
集電靴	118、164
集電装置	118、160
主回路	90
主幹制御器	46、48、80
主幹制御器ハンドル	128
主制御器	88
主電動機	70、82、92
ジュラルミン	28
準張殻構造	30
障害物検知装置	192
蒸気機関車	12
情報伝達装置	130
乗務員	198
乗務員基地	152
照明装置	120
シルバーシート	52
新幹線	25、73
信号機	180
シンプルカテナリー式	160
スイッチバック	146
スクリュー形	124
ステンレス製	28
スパイラル線	146
滑り弁	100
スポーク	58
スラック	136
スラブ軌道	134
すり板	118
制御電動車	20
制御弁	100
静止形補助電源装置	120
整流器	90
整流子	84
制輪子	72
セクション	158、162
施錠機構	178
セミクロスシート	18、38
前照灯	126
線路	134
総合訓練	214
相互直通運転	150
操舵台車	68
速度制御	78

た

第三軌条	118、164
台車	64
待避駅	142
タイヤ	58

ダイヤ	148
大陸横断鉄道	25
台枠	30
タブレット	176
単線	142
単相交流	120
地域分離型	148
蓄電池	92、122
蓄電池駆動電車	93
中空軸平行カルダン式	70
張殻構造	30
直接制御方式	80
直通運転	150
直通空気ブレーキ装置	102
直並列制御	78、80
直流	76
直流電化	16、156
直流電動機	76、156
直角カルダン式	70
直結軌道	134
チョッパ制御	78、82
継目	138
吊掛駆動式	70
つり革	38
ディーゼルエンジン	92
抵抗器	81、106
抵抗制御	78
ディスクブレーキ	72
デッドセクション	17、162
手歯止め	98
手用ブレーキ装置	98
転換式クロスシート	38
電気機関車	12
電機子チョッパ	82
電気指令式ブレーキ	104
電気ブレーキ	96、106
電気ブレーキ方式	98
電気連結器	116
電磁吸着ブレーキ	112
電磁直通空気ブレーキ装置	102
電車線	160
電磁誘導	84
電食	166
電動発電装置	120
電力回生ブレーキ	82、108
度合弁	100
トイレ	50
同期電動機	84
道床	134
踏面	58
踏面ブレーキ	72
動力集中方式	14
動力分散方式	14
ドクターイエロー	211
扉	36
戸袋	34
トロリー線	160
トロリーバス	26
トロリーポール	118
トンネル微気圧波	46

な

内燃車	12
波打ち車輪	58
難燃化処理	52
粘着限界	62
粘着力	14

は

パーミル	146
配線	142
ハイブリッド・ディーゼル動車	12
ハイブリッド	92
パウンドカテナリー式	160
箱根登山鉄道	112
発電機	92
発電ブレーキ	106
バラスト	134
バラスト軌道	134
バリアフリー	38、50、52
半永久連結器	116
半自動扉	36
パンタグラフ	47、118、160、212
引戸	34
非常コック	54
非常灯	123
尾灯	126
標準軌	137
表定速度	22
避雷器	170
平軸受	66
フェールセーフ	174、188
複線	142
複々線	142
複巻電動機	82、108
付随台車	72
踏切	192
プラグドア	34
ブラシ	84
フランジ	58
フリーゲージトレイン	154
振子式車両	74
振子装置	144
ブレーキ	46
ブレーキシュー	96、98
ブレーキ受量器	104
ブレーキシリンダー	102、104、110
ブレーキ制御器	104
ブレーキディスク	96、98
ブレーキハンドル	48、128
ブレーキ弁ハンドル	100
ブレーキライニング	72
分岐器	144
閉塞	176
閉電路式軌道回路	179
並列き電	162
ベビーカーマーク	52
変電所	158
保安ブレーキ	114
放送装置	44
ホーム柵	190
ホームドア	190
ボギー台車	64
補助空気だめ	100
補助電源装置	120
保線	210
ボルスタ	66
ボルスタ台車	69
ボルスタレス台車	66、68

ま

枕木	134
枕ばね	66

枕梁	66
摩擦係数	60
マスコンハンドル	48
マスターコントローラー	46、48
マルスシステム	202
マルチプルタイタンパー	210
密着式自動連結器	116
密着連結器	116
無軌条電車	207
無電区間	17
モータリゼーション	24
木造	28
モックアップ	46
元空気だめ	100
モニター装置	130
モノレール	26

や

夜行寝台列車	18
誘導障害	158
誘導電動機	84

ら

リクライニングシート	18
リニアモーター	36、94
留置線	152
留置ブレーキ	98
輪心	58
冷暖房	40
レール	60、134、138
レール圧着ブレーキ	112
レールブレーキ	112
レールボンド	166
レシプロ形	124
列車種別	148
列車進行方向指示器	192
列車防護	188
列車無線装置	122
連結器	116
連動装置	178
路面電車	22、25、26
ロングシート	18、38
ロングレール	138

わ

枠組	118
ワンハンドルマスコン	48
ワンマン運転	198

写真協力

- 結解学
- 野田隆
- 梅原淳
- 平賀尉哲
- 松尾よしたか
- 博物幹明治村
- 鉄道博物館
- 株式会社東芝
- 株式会社東邦産業
- ナブテスコ株式会社
- 三菱電機株式会社
- 東邦電気工業株式会社
- 日本貨物鉄道株式会社
- 広島電鉄株式会社
- 東海旅客鉄道株式会社
- 東京急行電鉄株式会社
- 長良川鉄道株式会社
- 西武鉄道株式会社
- 小田急電鉄株式会社
- 東京都交通局
- 箱根登山鉄道株式会社
- 阪神電気鉄道株式会社
- 京王電鉄株式会社
- 京浜急行電鉄株式会社
- PIXTA
- photolibrary

参考文献

『注解 鉄道六法(平成26年版)』第一法規
『鉄道の基礎知識』(所澤秀樹 著)創元社
『鉄道のしくみ 基礎篇・新技術篇ビジュアル図鑑』(土屋武之 著、鳳梨舎 編)ネコ・パブリッシング
『鉄道メカニズム探求(キャンブックス)』(辻村功 著)JTBパブリッシング
『カラー版徹底図解 鉄道のしくみ』新星出版社
『カラー版徹底図解 新幹線のしくみ』新星出版社
『電車基礎講座』(野元浩 著)交通新聞社
『鉄道車両技術入門』(近藤圭一郎 著、編)オーム社
『JISハンドブック2014 鉄道』日本規格協会
『解説 鉄道に関する技術基準(運転編)』(国土交通省鉄道局 監修、運転関係技術基準調査研究会 編)日本鉄道運転協会
『鉄道辞典』日本国有鉄道
『鉄道技術者のための信号概論 鉄道信号一般』日本鉄道電気技術協会
『重大運転事故記録・資料(復刻版)』日本鉄道運転協会
『貨物鉄道百三十年史』(日本貨物鉄道株式会社貨物鉄道百三十年史編纂委員会編)日本貨物鉄道株式会社
『新幹線の30年』東海旅客鉄道株式会社新幹線鉄道事業本部
『詳解 新幹線』(新幹線運転協会 編)日本鉄道運転協会
『日本鉄道請負業史 昭和(後期)篇』日本鉄道建設業協会
『入門電車輸送と建設』(吉江一雄 著)交友社
『停車場の配線を診断する』(吉江一雄 著)日本鉄道技術協会
『災害から守る・災害に学ぶ』(村上温、村田修、吉野伸一、島村誠、関雅樹、西田哲郎、西牧世博、古賀徹志 編)日本鉄道施設協会
『鉄道用語事典』(久保田博 著)グランプリ出版
『新編 電気機関車読本』(田中隆三 著)電気車研究会
『電車ガイドブック』(慶応義塾大学鉄道研究会 編)誠文堂新光社

「鉄道ファン」各巻 交友社
「鉄道ピクトリアル」各巻 電気車研究会
「RRR」各号 (鉄道総合技術研究所編)研友社
「鉄道総研報告」各号 (鉄道総合技術研究所監修)研友社
「交通技術」各号 交通協力会
「JREA」各号 日本鉄道技術協会
「R&m」各号 日本鉄道車両機械技術協会
「電気車の科学」各号 電気車研究会
「土木計画学研究」各号 (土木学会土木計画学研究委員会編)土木学会

【監修】

曽根 悟

工学院大学特任教授、東京大学名誉教授。1939年東京都生まれ、1962年東京大学工学部電気工学科卒業。東京大学助教授、東京大学教授、工学院大学教授を経て現職。工学院大学の鉄道講座を主宰している。2005年から8年間、JR西日本の社外取締役を務めた。主な著書に『新幹線50年の技術史』(講談社)、『モータの事典』(朝倉書店)などがある。そのほか、鉄道雑誌への寄稿も多数行なっている。

編集協力	有限会社ヴュー企画(野秋真紀子)
カバーデザイン	土井敦史(noNPolicy)
本文デザイン	吉澤泰治
DTP	佐藤琴美(株式会社エルグ)
執筆協力	梅原淳、平賀尉哲、松尾よしたか
イラスト	神林光二

徹底カラー図解　電車のしくみ

2016年12月21日　初版第1刷発行

監修者	曽根 悟
発行者	滝口直樹
発行所	株式会社マイナビ出版
	〒101-0003
	東京都千代田区一ツ橋2-6-3 一ツ橋ビル2F
	電話　0480-38-6872(注文専用ダイヤル)
	03-3556-2731(販売部)
	03-3556-2735(編集部)
URL	http://book.mynavi.jp

印刷・製本　シナノ印刷株式会社

※価格はカバーに表示してあります。
※落丁本、乱丁本についてのお問い合わせは、TEL0480-38-6872(注文専用ダイヤル)か、電子メール sas@mynavi.jp までお願いいたします。
※本書について質問等がございましたら、往復はがきまたは返信切手、返信用封筒を同封のうえ、㈱マイナビ出版編集第2部までお送りください。
お電話でのご質問は受け付けておりません。
※本書を無断で複写・複製(コピー)することは著作権法上の例外を除いて禁じられています。

ISBN978-4-8399-6094-0
©2016　Mynavi Publishing Corporation
Printed in Japan